Fenomenologia do ser-situado

Eduardo Marandola Jr.

Fenomenologia do ser-situado

CRÔNICAS DE UM VERÃO TROPICAL URBANO

Fundação Editora da Unesp (FEU)
Praça da Sé, 108
01001-900 – São Paulo – SP
Tel.: (0xx11) 3242-7171
Fax: (0xx11) 3242-7172
www.editoraunesp.com.br
www.livrariaunesp.com.br
atendimento.editora@unesp.br

Dados Internacionais de Catalogação na Publicação (CIP) de acordo com ISBD
Elaborado por Vagner Rodolfo da Silva - CRB-8/9410

M311f

Marandola Jr., Eduardo
Fenomenologia do ser-situado: crônicas de um verão tropical urbano / Eduardo Marandola Jr. – São Paulo: Editora Unesp, 2021.

Inclui bibliografia.
ISBN: 978-65-5711-031-7

1. Fenomenologia. 2. Lugar. 3. Circunstancialidade. 4. Vulnerabilidade existencial. I. Título.

2021-853 CDD: 142.7
CDU: 165

Índice para catálogo sistemático:

1. Fenomenologia 142.7
2. Fenomenologia 165

Editora afiliada:

Asociación de Editoriales Universitarias de América Latina y el Caribe

Associação Brasileira de Editoras Universitárias

A minha própria virtude nasceu do medo: chama-se ciência.

FRIEDERICH NIETZSCHE,
Assim falava Zaratustra

Agradecimentos

Preciso agradecer àqueles que me permitiram o recolhimento à cabana.

Agradeço especialmente à Jamille pelo apoio, amor e carinho, os quais me possibilitaram criar a circunstância para escrever a tese original e, depois, para a revisão desta publicação. Há neste livro muito mais do que o compartilhamento de nossas vidas, mas uma cumplicidade intelectual que se desdobra a cada dia. Agradeço também aos meus pais, que reconstruíram um ninho como lugar do pensamento. Agradeço aos colegas que me ajudaram compartilhando afazeres e aulas, me permitindo também o tempo para tal empreitada: Álvaro, J. J., Rafael e Roberto. Agradeço também às leituras prévias que tanto Jamille quanto Hugo M., Aurea e Lívia fizeram dos originais, da tese e do memorial. Agradeço a Henrique pela ajuda com a documentação do memorial, assim como a David pela ajuda nas conferências, a Carol, no *abstract* e a Hugo M., no *sprint* final.

Agradeço à equipe da Biblioteca "Daniel Joseph Hogan" pelo apoio e presteza de sempre, especialmente a Sueli e Vivian. Agradeço a Jeani e Valéria pelas discussões sobre Londrina e Bento Rodrigues, respectivamente. Agradeço a tantos que aceitaram o desafio de caminhar junto, em especial aos meus orientandos, mas também aos meus colegas com quem aprendo e sempre posso traçar novas linhas: Álvaro, Ricardo e Carlos.

Agradeço aos colegas do Grupo de Pesquisa Geografia Humanista Cultural (GHUM) e aos alunos do Lagger/Nomear, pela confiança, pelo respeito, pela disposição em ouvir e pelo ânimo sem limites. Agradeço também à comunidade da Faculdade de Ciências Aplicadas (FCA): funcionários, docentes e alunos, que estão criando uma situação propícia ao novo e ao diálogo.

Agradeço aos membros da banca do concurso para livre-docente, professores Constança Marcondes Cesar (UFS/PUC-Campinas), Pedro Jacobi (USP), Maurício Compiani (Unicamp), Marcos Cesar Ferreira (Unicamp) e Sylvio Fausto Gil Filho (UFPR) pelo estimulante debate durante o concurso: parte do amadurecimento do presente livro se deveu às questões ali levantadas.

Agradeço aos amigos sempre presentes e àqueles que são, acima de tudo, minhas referências acadêmicas, me inspirando e me orientando: Lívia, Werther e Oswaldo. E agradeço de forma especial a Daniel, cuja presença é palpável neste livro e em toda minha trajetória.

Sumário

Prefácio

OSWALDO BUENO AMORIM FILHO

> "*Le monde moderne est en réalité un monde* renversé*: la science nous propose le savoir objectif d'une nature objective, régie par des lois objectives, alors qu'il n'y a pas d'objectivité sans sujet,* pas d'objet visible sans regard, pas de science possible sans idéalités"
>
> DOMINIQUE FOLSCHEID[1]

Embora os prefácios possam ser considerados como discursos muito pessoais sobre obras de várias naturezas (e por isso tais discursos também podem assumir arranjos e formas extremamente variadas), os prefácios relacionados com trabalhos acadêmicos tendem a assumir um certo padrão. Este padrão seria articulado, quase sempre, em pelo menos três partes: os contextos, a obra propriamente dita e o autor.

No caso presente, mesmo que essas três partes sejam contempladas, vou me permitir inverter a sequência-padrão, tratando primeiramente dos contextos e do autor, deixando a reflexão sobre a obra para a parte final.

---

1 Folscheid, Dominique. *Le grandes philosophies.* Paris: Presses Universitaires de France, 1988.

De fato, uma reflexão sobre a *Fenomenologia do ser-situado: crônicas de um verão tropical urbano*, de Eduardo Marandola Jr., só terá sentido se, antes, nos detivermos em alguns aspectos ligados aos contextos epistemológicos, acadêmicos e pessoais que ensejaram este trabalho geográfico tão original.

A pergunta inicial que um pesquisador muito interessado em epistemologia deve fazer para si mesmo, no início da elaboração de um prefácio como este, é: como se tornou possível a realização de um trabalho dessa natureza, na geografia brasileira, neste alvorecer de milênio?

A resposta passa, a nosso ver, por uma reflexão sobre a convergência, na academia brasileira, de dois processos de caráter diverso, porém profundamente entrelaçados. O primeiro desses dois vetores tem a ver com a complexidade da evolução do pensamento geográfico desde o início (em meados do século XX) da "tempestade" de paradigmas que vêm se sucedendo na geografia mundial e brasileira. Esta "sucessão paradigmática" transformou em necessidade vital para a comunidade de geógrafos *a explicitação das reflexões epistemológicas* que, durante o predomínio das "escolas da geografia clássica", ficavam *implícitas*, uma vez que, desse ponto de vista, bastava ser dito que tal ou qual pesquisa tinha sido realizada de acordo com o pensamento deste ou daquele grande nome da geografia europeia. Em outras palavras: como não havia muita dúvida em relação à abordagem teórico-metodológica empregada nas "escolas clássicas", não havia necessidade de discussões significativas sobre este aspecto das pesquisas, prevalecendo a autoridade de mestres consagrados da nossa disciplina de então. O segundo vetor diz respeito à formação no Brasil de verdadeiros "círculos de afinidades"[2] de geógrafos e não geógrafos originários de lugares diferentes deste imenso país, com histórias pessoais diferentes, mas que compartilham certos valores e crenças ligados à fundamentação epistemológica, aos temas e às finalidades maiores desse fascinante campo do conhecimento que é o nosso.

A explicitação das reflexões e discussões epistemológicas, sobretudo a partir dos anos setenta do século passado no Brasil, representam, na verdade, não algo absolutamente novo para os geógrafos, mas apenas o

2 Segundo conceito utilizado por Vincent Berdoulay, em sua clássica obra *A escola francesa de geografia: uma abordagem contextual*. São Paulo: Perspectiva, 2017.

reinício de uma antiga parceria que nunca deveria ter-se enfraquecido. Isto porque não pode haver dúvida de que, toda vez que a geografia e a filosofia estiveram mais próximas, a geografia cresceu e se fortaleceu. O enfraquecimento da parceria geografia-filosofia, aliás, quando ocorre, representa um esquecimento imperdoável da proposta inicial já presente na geografia praticada pelos gregos antigos, em especial por um dos mais importantes dentre eles, isto é, Estrabão. Com efeito, o geógrafo grego, nascido em Amasya (hoje em território pertencente à Turquia) aproximadamente em 60 a.C. e morto em cerca de 20 d.C., afirmou na Introdução ao Livro I de sua vasta *Geografia*[3] que, em função da complexidade inerente a este campo do conhecimento, a geografia seria uma atividade própria do filósofo e que todo geógrafo deveria ser um "polímata".

Um outro momento em que a parceria geografia-filosofia foi extremamente importante para o fortalecimento da posição dos geógrafos entre os intelectuais contemporâneos se deu quando Kant – o grande filósofo alemão – tornou-se, ele próprio, em Königsberg, na segunda metade do século XVIII, um professor de geografia.

Seguiu-se um período histórico de grande vigor da atividade geográfica (entre o final do século XVIII e meados do século XX), período este em que o suporte filosófico kantiano e, posteriormente, neokantiano dava unidade e coesão à prática dos geógrafos, principalmente na Alemanha e na França, no âmbito do que se convencionou chamar "geografia clássica", sob liderança intelectual e institucional, entre vários outros, de pensadores como Humboldt, Ritter e Vidal de La Blache, hoje verdadeiros ícones fundadores da geografia moderna. Esses pioneiros e a maioria de seus seguidores souberam, com maestria, dar continuidade e sempre adaptar, com sucesso, as bases kantianas e neokantianas às necessidades epistemológicas da geografia. E esse equilíbrio conseguiu se manter até os anos cinquenta e sessenta do século passado.

Durante a parte final desse período, muitos geógrafos tão acostumados estavam com a estabilidade das orientações epistemológicas, praticadas por eles com repetições quase automáticas, que já não conseguiam pensar epistemologicamente, e as questões ligadas à epistemologia

3 Estrabón citado por Blanco, J. G. Introducción general. In: *Geografía. Libros I e II*. Madrid: Editorial Gredos, 1991. p.109.

foram gradualmente passando para o nível do *implícito*, não mais gerando reflexões, questionamentos, debates...

A partir dos anos cinquenta e sessenta do século XX, o antigo equilíbrio tácito geografia-filosofia, de base kantiana ou neokantiana, é rompido em parte considerável da comunidade mundial dos geógrafos e novas propostas epistemológicas são feitas sucessivamente, trazendo fragmentação à geografia e perplexidade aos geógrafos.

Por ter-se perdido o hábito da reflexão e da discussão epistemológicas, parte da comunidade dos geógrafos aceitou de maneira acrítica, oportunista ou pelo menos ingênua a proposta radical de Thomas Kuhn,[4] segundo a qual toda ciência evolui por meio de "*revoluções científicas*", que promovem a substituição total do modo predominante de produzir conhecimento ("ciência normal") por um modo novo. Assim, no caso da Geografia, o modo de produzir conhecimento das chamadas "escolas clássicas" teria que ser inteiramente substituído por um novo método, o qual, por volta dos anos sessenta do século passado, baseava-se na busca de maior cientificidade, alcançada com a quantificação sofisticada (propiciada pelas novas tecnologias da informática) e a procura e o uso de teorias da "análise espacial".

Por um breve período de tempo, acreditou-se que esta interpretação e aplicação da proposta kuhniana estivesse correta... Porém, logo se verificou que nenhum modo exclusivo de fazer geografia seria capaz de cobrir todo o espectro das questões levantadas pelos geógrafos e pelo menos duas novas propostas para o fazer geográfico começaram a ser praticadas, promovidas por números crescentes de geógrafos: *a geografia radical (posteriormente crítica)* e a *geografia humanista-cultural.*

A comunidade mundial de geógrafos – já pouco numerosa quando considerada em seu conjunto, sobretudo quando comparada a outras comunidades acadêmicas – se divide ainda mais, cada subcomunidade se filiando a uma daquelas orientações epistemológicas que, depois de Thomas Kuhn, foram chamadas *paradigmas.*

Começa a se desenvolver, então, em um certo número de geógrafos, insatisfeitos com os novos rumos de nossa atividade abertos pelos paradigmas dominantes, uma espécie de angústia, de carência profunda de

4 Kuhn, Thomas. *A estrutura das revoluções científicas*. São Paulo: Perspectiva, 1975.

reunificação epistemológica. Essa carência é sentida tanto por geógrafos de uma certa idade (como este prefaciador), que já tinham vivido a unidade e a coerência epistemológicas da *geografia clássica*, quanto pelas gerações mais novas, que estão ainda perplexas porque a geografia que conheceram sempre foi uma *geografia dividida*.

De uns quarenta ou trinta anos para cá, um grupo sempre crescente de geógrafos, angustiados pela unidade de pensamento perdida e pelos riscos (até de sobrevivência institucional) que a fragmentação pode trazer, começou a buscar caminhos que ajudassem a resgatar e a recriar a unidade do pensamento geográfico.

Uma das alternativas para aqueles que estão possuídos pela nostalgia da unidade perdida passa pelo *retorno aos fundamentos* mais profundos e autênticos de um pensamento orientador que prevaleceu em momentos áureos anteriores. Assim, o que se observa, cada vez mais, é a volta aos clássicos e a releitura das obras seminais dos "pais fundadores".

A outra alternativa tem a ver com aquela atitude das mentes mais esclarecidas em tempos de fragmentação, perplexidade e crise, segundo a qual se deve buscar na *filosofia* a orientação mais segura para superar os males das divisões consideradas estruturais. Assim, nas últimas décadas, renasceu o antigo canal de comunicação com os filósofos e um certo número de geógrafos tem procurado reconstruir esta "ponte".

Entre os filósofos e pensadores mais procurados, relidos e reinterpretados estão aqueles que sempre desconfiaram da tirania dos sistemas, modelos e teorias excessivamente abstratos. Entre tais filósofos, têm tido prestígio continuado e crescente, sobretudo após a constatação pós-moderna do "fim das certezas",[5] aqueles que se dedicam a refletir sobre a *existência*, o *mundo vivido*, os *valores* e *atitudes*, as *intencionalidades*, as *representações*, as *formas simbólicas*, os pontos de vista do "*ser no mundo*", ou do "*ser-situado*" etc.

A construção da ponte entre geografia e filósofos como Husserl, Merleau-Ponty, Cassirer, Levinas e, particularmente, Heidegger não é, de modo algum, algo trivial. Para isso, são necessários um modo de pensar geograficamente e uma certa sensibilidade de recepção do pensamento filosófico e essas duas qualidades não estão distribuídas de maneira

5 Prigogine, Ilya. *La fin des certitudes*. Paris: Odile Jacob, 1996.

homogênea entre os intelectuais em geral e, particularmente, entre os geógrafos e outros pensadores que compartilham o *espírito geográfico*.

Esses relativamente pouco numerosos pensadores, que poderiam ser chamados de "mediadores", "intermediários" ou, talvez, mais simbolicamente "geósofos" ou "geófilos", tendem naturalmente a formar, de acordo com a feliz sugestão de Berdoulay,[6] "círculos de afinidades". Eles não precisam se reunir sempre, nem estar em comunicação intensiva, mas sabem que, em termos filosóficos e em relação às orientações e tendências temáticas, teóricas e metodológicas de seu campo de conhecimento, eles compartilham certos valores, certas preferências, além de se "alimentarem" de fontes e referências parecidas.

No Brasil há vários desses "círculos de afinidades" que têm em comum uma forte desconfiança em relação a certas orientações paradigmáticas excessivamente cientificistas e tecnocráticas de um lado, ou muito ideológicas, militantes e dogmáticas de outro lado. Epistemologicamente, tais "círculos de afinidades" se formam em torno daquelas "filosofias" e/ou "psicologias" que fornecem embasamento e orientações teórico-metodológicas para as chamadas geografias humanistas e culturais.

Algumas das razões que explicam a opção de tais grupos por esses "paradigmas alternativos" podem ser: as bases epistemológicas de orientação existencial e fenomenológica, que valorizam percepções e representações subjetivas, ou intersubjetivas, de regiões, territórios e lugares vividos ou experienciados; a flexibilidade e a pluralidade das abordagens empregadas em tais pesquisas; o fato de que as orientações epistemológicas de alguns dos círculos de afinidades anteriormente mencionados não propõem, nem promovem o rompimento com os princípios que estão nos fundamentos das "geografias clássicas" (em especial a "escola francesa"), derradeiras manifestações de uma geografia coerente e unificada epistemologicamente. Ao contrário, tal como sugerido por Anne Buttimer, um dos expoentes das geografias humanistas e culturais, em sua premiada obra *Society and milieu in the French geographic tradition*,[7] essas abordagens representariam, na verdade, muito mais um prolongamento

---

6 Op. cit.

7 Buttimer, Anne. *Society and milieu in the French geographic tradition*. Washington: Association of American Geographers, 1971.

do pensamento desenvolvido pelos clássicos (alemães e franceses sobretudo) do que um rompimento paradigmático com eles, diferentemente, assim, do que tinham feito teoréticos e quantitativos (de orientação positivista) ou radicais e críticos (neomarxistas).

Eduardo Marandola Jr. pertence a essa categoria especial dos geógrafos que sabem fazer este *aller-retour*, tão importante na academia da atualidade, entre geografia e filosofia. Isso faz com que o jovem professor da Unicamp possa frequentar alguns dos "círculos de afinidades" mais dinâmicos, filiados às correntes humanista-culturais, cujos seguidores são os que mais se multiplicam entre as novas gerações de geógrafos brasileiros. Um dos "círculos de afinidades", composto por alguns dos "mediadores" mais bem-sucedidos entre a filosofia e a geografia brasileira, é liderado por pensadores como Lívia de Oliveira, Werther Holzer, Lúcia Helena Gratão e o próprio Eduardo Marandola Jr.

Apesar de sua juventude, Eduardo já trilhou um longo e brilhante caminho de realizações na academia e no pensamento geográfico no Brasil e com importantes ramificações em nível internacional. Em termos de formação acadêmica, alcançou os níveis mais altos da hierarquia – a livre-docência, por exemplo – com uma idade em que a grande maioria de professores e pesquisadores brasileiros ainda está envolvida com a especialização ou, quando muito, o mestrado. Suas orientações de mestrado e doutorado já se contam em dezenas. Foi o idealizador e primeiro coordenador de um importante laboratório da Unicamp, em Limeira (SP), voltado para os estudos interdisciplinares de questões socioambientais, o Laboratório de Geografia dos Riscos e Resiliência (Lagerr), na Faculdade de Ciências Aplicadas, uma ação, entre outras, que expande essas discussões e preocupações para além das fronteiras da geografia – cujo testemunho é dado por este livro.

Apesar de seu nome nem sempre aparecer formalmente ligado a duas grandes iniciativas da Geografia Humanista brasileira, foi e tem sido fundamental sua participação na concepção, fundação e desenvolvimento do Grupo de Pesquisa Geografia Humanista e Cultural (GHUM), desde 2008, e da revista *Geograficidade*, desde 2011. Aliás, a esse respeito, o GHUM realizou, com forte presença docente e discente, o IX Seminário Nacional sobre Geografia e Fenomenologia, na Universidade Federal de Minas Gerais (UFMG).

Mas, naturalmente, o que mais nos interessa neste prefácio são os principais temas da já vasta obra acadêmica de Eduardo Marandola Jr. e, de maneira especial, sua *Fenomenologia do ser-situado*.

Assim, algumas reflexões serão aqui feitas sobre este último texto, em seguida a considerações gerais sobre o conjunto da produção intelectual desse autor, a qual possui grande coerência temática e epistemológica.

Do ponto de vista temático, Eduardo tem, desde o início do século atual, contemplado, entre outros, os seguintes temas principais:

- população e ambiente;
- cidades e mudanças climáticas;
- sustentabilidade e resiliência urbano-social;
- o ser-no-mundo, relacionado principalmente com as questões da experiência metropolitana, dos riscos e das vulnerabilidades;
- reflexões cada vez mais profundas sobre as interfaces geografia/epistemologia/fenomenologia.

Essas indagações de caráter epistemológico vêm tomando parte crescente do tempo e do pensamento de Eduardo Marandola Jr., destacando-se aí duas questões maiores: a *geograficidade* (a partir de uma nova leitura da obra de Eric Dardel)[8] e a *fenomenologia do ser-situado*, fundamentada no pensamento de Martin Heidegger. Nesse último caso, Eduardo se inclui no amplo círculo de intelectuais de várias partes do mundo que vêm "redescobrindo" o pensamento do filósofo que, para muitos, foi considerado o discípulo e seguidor mais próximo de Edmund Husserl, o criador da versão mais divulgada da fenomenologia no século XX e neste começo do século XXI.

Heidegger que, para o filósofo português Fernando Belo,[9] foi um "pensador da Terra", tem sido repensado por Eduardo Marandola Jr. como aquele que se voltou para o ser-no-mundo (o *Dasein* heideggeriano) ou, ainda mais, para o "homem, ser-situado".

8 Dardel, Eric. *L'Homme et la terre. Nature de la réalité géographique*. Paris: PUF, 1952. Uma primorosa tradução para o português foi feita por Werther Holzer (*O homem e a terra:* natureza da realidade geográfica. São Paulo: Perspectiva, 2011).

9 Belo, Fernando. *Heidegger:* pensador da terra. Lisboa: Centro de Filosofia da Universidade de Lisboa, 2011.

Não se trata, evidentemente, de uma releitura exclusivamente filosófica, mas, acima de tudo, de uma releitura cheia de esperança nos novos caminhos epistemológicos abertos pela filosofia fecunda daquele que Marandola Jr. considera como uma das matrizes "do pensamento fenomenológico em geografia".[10]

É dessa busca heideggeriana, de um lado, e da fidelidade aos temas dos riscos e das vulnerabilidades ambientais dos seres-situados, de outro lado, que nasceu o livro, razão maior deste prefácio. Que livro geográfico tão original é este?

Ao terminar uma leitura cuidadosa deste livro de Eduardo Marandola Jr., a impressão mais geral que fica não é a de um trabalho introdutório feito por um principiante. Não é, igualmente, um trabalho sobre a epistemologia da geografia humanista, feito por um geógrafo maduro e sênior. Em verdade, a impressão é de que se trata de uma obra densa, resultante de uma primeira grande parada, em uma viagem epistemológica que se anuncia bastante longa pela geografia, ainda sem vislumbrar o lugar da chegada.

É um livro que tem a vantagem de resultar das reflexões necessárias à construção de uma tese de livre-docência. E é muito interessante notar que, desde o começo, o autor chama a atenção para as condições em que o livro/tese foi elaborado, ou seja, na medida em que Eduardo não dispõe de "uma cabana aos pés da Floresta Negra", como Martin Heidegger, ele busca no silêncio e na quietude da noite o refúgio para as reflexões matrizes deste livro. Isto porque, como nós acadêmicos sabemos muito bem, a atividade universitária no mundo atual não favorece as pausas para o pensar tranquilo; ao contrário, ela é quase só ação ininterrupta e cansativa.

O próprio autor, aliás, deixa entrever ainda na apresentação, que precisava de uma parada, mesmo breve, para a construção desta obra que marca "um encerramento de ciclo". Era preciso uma interrupção nesta trajetória, não somente para repensar e sintetizar as bases epistemológicas de sua "geograficidade" (neste caso, o pensamento de Heidegger principalmente), mas também aplicar essas bases à busca da compreensão de experiências de vulnerabilidade dos seres-em-situação. Isto

10 Marandola Jr., Eduardo. Heidegger e o pensamento fenomenológico em Geografia: sobre os modos geográficos de existência. *Geografia*, Rio Claro, v.37, p.81-94, 2012.

aparece claramente em uma das últimas observações do "Argumento": "Esta fenomenologia do ser-situado [...] não busca o esclarecimento: visa, antes de tudo, a compreensão pelo compartilhamento de experiências vivenciadas [...]".

O capítulo que tem por título "Seres-em-situação: circunstância e lugar" corresponde à primeira reflexão epistemológica profunda, presente na obra, sobre o pensamento heideggeriano em suas relações com o fazer geográfico. Essa reflexão, entretanto, não começa diretamente com Heidegger, mas com Gaston Bachelard e sua proposta sobre as diferenças dos *modos de pensar diurno e noturno*. E Eduardo Marandola Jr. informa ao leitor que este livro foi escrito nas madrugadas, períodos nos quais, segundo Bachelard, a consciência se expande e a imaginação supera a razão.

É claro que, ao refletir sobre as duas situações do pensar mencionadas por Bachelard, Marandola Jr. lembra que, no domínio epistemológico, o pensamento diurno favorece a busca da objetividade e da tradição racionalista da Modernidade, que vem reinando na ciência ocidental há bastante tempo; por sua vez, o pensamento noturno valoriza o papel da imaginação e da experiência, aí incluídas a subjetividade, as emoções e outros sentimentos... É também evidente que esta segunda maneira de pensar, ao ser adotada por filosofias como as fenomenologias e os existencialismos, passa a representar uma das pontas de lança da crítica feita nas últimas décadas à objetividade e à racionalidade frias da ciência moderna. Dentre essas abordagens alternativas que ganham cada vez maior atualidade, Marandola Jr. destaca, desde o título original deste livro/tese, a fenomenologia de Martin Heidegger, cuja obra discute com a profundidade que lhe conferem suas múltiplas leituras, conectadas entre si e ao pensamento geográfico por uma capacidade de reflexão epistemológica pouco usual entre intelectuais tão jovens!

Ao fim do primeiro capítulo, talvez para não deixar margem ao surgimento de um exagero no sentido contrário, Marandola Jr. volta à relação pensamento diurno/noturno para afirmar, a partir do próprio Bachelard, que "noturno e diurno não podem ser compreendidos de forma antagônica" e que "negar o dia é assumir a impossibilidade da noite". Ambos os pontos de vista, principalmente quando bem conectados, acabarão por permitir uma aproximação maior da *compreensão das perspectivas experienciais* dos homens nos lugares de suas *vivências*, inclusive e sobretudo de suas duras *precariedades*. Uma das grandes possibilidades de se chegar a essa compreensão reside no crescimento dos estudos humanista-culturais, que desvelarão a condição dos seres-em-situação, tal como preconizado por Heidegger e seus continuadores. É justamente neste sentido que se desenvolvem os densos relatos (as circunstâncias) contidos nos cinco capítulos seguintes, carregados de experiências extremas, que têm em comum, sobretudo, riscos ambientais cada vez mais presentes no ambiente tropical de muitas de nossas existências. Esses relatos começam no capítulo 2 ("Se o chão treme"), passando sucessivamente pelos capítulos 3 ("Se a chuva leva tudo"), 4 ("Se não tem água na torneira"), 5 ("Se o lugar é apenas a casa") e 6 ("Se a barragem estoura"). Em síntese, utilizando-se da crônica como linguagem, o autor faz com que o leitor reflita sobre esses relatos de modo bem diferente daquele usado em noticiários e textos, quase sempre superficiais e descompromissados, veiculados por mídias que não deixam lugar para a compreensão, a compaixão e, quem sabe, a busca da superação e da reabilitação. Esses riscos e as vulnerabilidades que trazem para os seres-situados em seu raio de ação mais destrutivo resultam, comumente, em experiências muito dolorosas. As perspectivas abertas pelas abordagens fenomenológicas (sobretudo heideggerianas no caso presente) dessas vulnerabilidades dos seres-em-situação de calamidades ambientais e/ou sociais têm uma natureza intrinsecamente diferente da superficialidade e do objetivismo que dominam a ciência e o discurso prevalente nas sociedades ditas modernas.

A obra se conclui com o capítulo que tem um título de grande significado humanista, "Vulnerabilidade: precariedade da existência", e com um outro, de menores dimensões, denominado "Crepúsculo", que pode ser entendido como uma reflexão final não apenas sobre as experiências dos seres-em-situação de vulnerabilidade e precariedade, mas também sobre uma questão espinhosa que usualmente não é levantada por pessoas tão jovens como Eduardo Marandola Jr.: *a morte e a finitude*. Assim, como resultado não de uma idade avançada, mas de forte aprofundamento e avanço no campo das ligações filosofia/ciência/experiência, Eduardo Marandola Jr. escolhe "três ideias centrais", por meio das quais quer encerrar (provisoriamente!) sua "meditação": a *finitude*, a *resiliência* e a *identidade*.

Ao final deste já longo texto é preciso dizer que só temos a agradecer a oportunidade do convite para lermos e prefaciarmos uma obra tão original, sensível e verdadeiramente humanista como esta! Um livro escrito de modo seguro e sereno (situação só proporcionada pela "cabana" e/ou pelo "pensamento noturno"), alimentado por posturas e valores pessoais solidários e compassivos, tão raros no Brasil e no mundo de hoje. Realmente, as abordagens fenomenológicas e humanistas estão a se consolidar em parte de nossa academia, criando novas esperanças para aqueles que amam *o Homem e a Terra!*

Belo Horizonte, setembro de 2018

Apresentação

Este livro foi apresentado inicialmente como tese em meu concurso para livre-docente na área do Núcleo Básico Geral Comum (agora rebatizado de Núcleo Geral Comum), na disciplina Sociedade e Ambiente, na Faculdade de Ciências Aplicadas (FCA) da Universidade Estadual de Campinas (Unicamp). A tese foi apresentada com o memorial no mês de abril de 2016, tendo acontecido o concurso no final de agosto do mesmo ano.

Nunca havia pensado sobre quais seriam os maiores desafios para se escrever aquela tese. Tendo já escrito e defendido a tese de doutorado, o que me reservaria a de livre-docência? No início, minha grande motivação era poder escrever algo que fosse, posteriormente, publicado como livro. Só durante o processo percebi o sentido maior que estava implicado na preparação do memorial, fundamental para repercorrer nossa própria trajetória e assim poder compor nossa narrativa, de forma autocrítica e reflexiva. Isso me levou a realizar a confecção da tese amalgamada ao memorial, buscando consolidar o movimento de pensamento para o qual meu trabalho apontava no seu conjunto.

Este desafio se materializou, sobretudo, na dificuldade de desvencilhar-me da grande teia de afazeres e demandas em que nos envolvemos como professores universitários. A necessidade de reflexão e autocrítica para operar a tarefa de compreender e narrar a própria trajetória me impôs a demanda por recolhimento, estudo e atenção. Palavras que, contraditoriamente, parecem não exprimir mais a experiência dos corredores universitários, cujas demandas nos assolam e nos retiram, o tempo todo, a quietude e o ritmo de escrita e de estudo.

Difícil não lembrar do filósofo Martin Heidegger e sua famosa cabana aos pés da Floresta Negra, para onde se refugiava em busca da situação propícia ao pensar (Sharr, 2008). Ele contrastava a quietude de sua cabana na montanha com o ritmo da vida universitária de Friburgo que, na visão do filósofo, não oferecia o necessário à filosofia (Safranski, 2005). De fato, foi afastado dos afazeres universitários e recolhido à sua cabana que viveu seu mais profícuo período de reflexão e composição de algumas de suas obras mais relevantes.

Muitos vão atribuir a esta separação entre a cabana na montanha e a agitação moderna e fugaz de um centro urbano burguês uma forma de idealismo bucólico antimoderno e até infantil. No entanto, tendo a ver nesta dupla situacionalidade (a cabana e a cidade) o próprio pulso de vida (e não uma vida contra outra – são a mesma), necessário para significar nossa vida universitária atual, nosso trabalho docente. Considero essa uma tarefa fundamental que a composição deste livro me legou.

Nossa geração padece de uma situação muito incômoda: temos a imagem dourada pela memória de nossos professores, os quais viveram outra universidade, outro tempo, outro sentido da vida acadêmica, da confecção de grandes obras e de grandes debates intelectuais, em outra etapa da profissionalização da vida acadêmica. Eles podiam ficar um semestre ou um ano sem se comprometer com tantas demandas para se dedicar à produção de um livro, de uma nova investigação, ou para realizar uma viagem de pesquisa ao exterior. A quantidade de aulas ou de orientações era radicalmente distinta (para menos) e, em nosso retrovisor, eles pareciam ter um tempo infinito para se dedicarem aos grandes problemas de seu tempo.

A dura realidade que encontramos no dia a dia da carreira acadêmica atual, com as demandas internas e externas, a produtividade sempre presente, a quantidade de aulas, alunos e orientandos e a desvalorização do trabalho docente, parece apontar para um pragmatismo mercadológico, competitivo e produtivista que tenta se impor com força de realidade sobre nós, professores e pesquisadores universitários. É a sociedade do desempenho, pautada pela autoexigência e pelo excesso de estímulos (a sociedade da positividade, na análise de Byung-Chul Han, 2015). Só para dar circunstância ao argumento: intercalo, a cada semestre, turmas com mais de 130 alunos e turmas de quarenta a sessenta estudantes, de cursos diversos, chegando em alguns semestres a avaliar mais de quinhentos alunos na graduação (salvo todo o resto). Em um cenário como este, reclamar para si um tempo na cabana será visto, no mínimo, como idealismo descontextualizado.

Não se trata, portanto, de buscar a vida contemplativa no sentido da não ação, da letargia, em uma negação da ação. Trata-se, no sentido colocado por Han (2015), em seu instigante livro *Sociedade do cansaço*, de ressignificar os sentidos que dão corpo a esta *vida ativa*, resgatando a importância do tédio e do pensamento por meio de escapes e brechas nesse excesso de positividade, o que envolve reaprender a ler, reaprender a ver e reaprender a escrever, como resistência, mesmo no ato contemplativo. Contemplação e ação estão, neste sentido, reunidos como postura política de enfrentamento.

O pulsar que vejo nesta dupla situação, portanto, envolve compreender que temos de lidar com estes dois âmbitos, pois eles se alimentam mutuamente. Negar a vida universitária com sua velocidade e intensidade é negar aquilo que justamente impõe a necessidade do recolhimento à cabana. Assim como a quietude da cabana nos impulsiona novamente para esta multiplicidade dinâmica do cotidiano acadêmico. Se precisamos cultivar algo, talvez seja justamente este trânsito entre estas situações, como contemplação ativa, como atitude política, o que dotará de maior vitalidade e sentido, para nós e para os outros, aquilo que é a razão de ser das universidades: o pensamento que, na sua acepção heideggeriana, como lembrarei à frente, está implicado na existência.

O LIVRO

Este livro é tanto expressão da minha trajetória quanto a propositiva de uma compreensão da relação sociedade-ambiente, fundada na espacialidade e na geograficidade, não como visão disciplinar da Geografia, minha área de formação, mas como esforço de compreender o sentido de ambiente como circunstância da existência e também, por consequência, circunstância da própria possibilidade de conhecer e, portanto, de ser.

Trata-se de uma perspectiva fenomenológica, profundamente preocupada com a tarefa de nosso tempo e com os debates contemporâneos em torno das mudanças ambientais, dos desafios sociais e dos impactos existenciais. Neste sentido, busquei fortalecer o sentido de lugar (e sua relevância não como sítio, mas como circunstancialidade e abertura), articulando tanto experiência de campo quanto as várias escalas de construção do conhecimento em uma perspectiva que se pretende fundada na facticidade cotidiana da vida.

É por isso que emerge uma escrita em sentido de crônica, como expressão, a qual busca mover-se no ordinário do cotidiano, fundado neste, enquanto possibilidade de desvelar o próprio sentido em sua multiplicidade. A eventualidade e o instante da "ordem do dia" permitem um sentido de mistura do vivido como existência fáctica.

Outro contexto fundamental do qual emerge o livro foi o Projeto Germa – Geografia dos Riscos e Mudanças Ambientais, financiado pela Fapesp (na linha Jovens Pesquisadores em Centros Emergentes), e que foi o grande projeto que coordenei entre 2013 e 2017. Voltado para a construção de metodologias de avaliação da vulnerabilidade, permitiu não apenas vários dos estudos que são discutidos aqui (em especial no capítulo "Se o lugar é apenas a casa"), mas também as questões teórico-metodológicas de fundo no que se refere à articulação da fenomenologia no âmbito dos estudos ambientais. O livro é, neste sentido, um dos frutos mais importantes do projeto, enquanto a perspectiva teórico-metodológica que dele emerge.

Este livro, portanto, é um encerramento de ciclo, focado em uma forma própria de inserção nos campos de atuação com os quais me envolvi (estudos ambientais, populacionais e urbanos, fenomenologia e existencialismo, geografia humanista e cultural), expressando minha contribuição ao campo interdisciplinar, no qual finalmente posso reunir e potencializar o conjunto de meus interesses como professor da Faculdade de Ciências Aplicadas.

O livro apresenta isso de forma não apenas temática, mas também epistemológica, por um posicionamento sobre o fazer científico e suas implicações. Nele também se torna evidente a articulação entre os temas desenvolvidos por meus orientados no período recente, amalgamados com um projeto intelectual que ganha agora definitivamente uma dimensão coletiva.

Argumento

Entre as crises de nosso tempo, duas estão em destaque: a crise do pensamento, como crise do sujeito, e a crise ambiental, como crise de civilização. Ambas são a mesma crise, entrelaçadas por um sistema produtivo que se sustenta em uma compreensão da relação sociedade-ambiente (natureza-cultura) cindida. Procurando uma compreensão fenomenológica, este livro se propõe como meditação experiencial dos seres-no-mundo, ontologicamente circunstancializados no lugar.

Desdobrando o pensamento de Martin Heidegger, esta obra procura compreender situações de um verão urbano brasileiro (2015-2016) a partir de suas circunstâncias, como expressões do habitar a Terra como quadratura. O lugar, neste contexto, não é o sítio, mas é a própria abertura que situa existencialmente, possibilitando um pensamento ambiental como "vulnerabilização dos seres-em-situação". Resiliência, como resistência e identidade, manifesta-se na iminência da finitude, constituindo um clamor ético.

Esta fenomenologia do ser-situado, como pensamento noturno-diurno, não busca o esclarecimento: visa, antes de tudo, à compreensão pelo compartilhamento de experiências vivenciadas por meio da escrita. Das diferentes situações emergem possibilidades, como caminhos, de pensamento orientado do presente para o futuro, dedicado à tarefa do nosso tempo.

CAPÍTULO 1

Seres-em-situação

CIRCUNSTÂNCIA E LUGAR

ESPERA

Deito-me tarde
Espero por uma espécie de silêncio
Que nunca chega cedo
Espero a atenção a concentração da hora tardia
Ardente e nua
É então que os espelhos acendem o seu segundo brilho
É então que se vê o desenho do vazio
É então que se vê subitamente
A nossa própria mão poisada sobre a mesa

É então que se vê o passar do silêncio

Navegação antiquíssima e solene

SOPHIA DE MELLO BREYNER ANDRESEN, 2014

Os estudiosos de Gaston Bachelard, grande mestre da epistemologia francesa e da imaginação poética, costumam dividir sua obra em duas. Atribuem a um Bachelard diurno aquelas obras epistemológicas, sobre a história e a filosofia das ciências, enquanto as obras estéticas sobre poética, imaginação e os elementos são atribuídas ao Bachelard noturno. Esta divisão está pautada na associação que ele faz da luz com o esclarecimento, vigília dominada pela razão e pela consciência, enquanto a noite abriria a possibilidade do sonho e do devaneio, das forças imaginantes e da expansão da consciência.

Ao argumentar em favor da necessidade da imaginação para a compreensão das imagens pelas próprias imagens, Bachelard escreve em *A poética do devaneio*: "Tarde demais conheci a tranquilidade de consciência no trabalho alternado das imagens e dos conceitos, duas tranquilidades de consciência que seriam a do pleno dia e a que aceita o lado noturno da alma" (Bachelard, 2009, p.52). O diurno, portanto, se refere à razão, e o noturno, à imaginação, o que o filósofo não vê como oposição, mas como dimensões da alma humana: como o masculino e o feminino.

Muitos concordarão com esta associação da noite aos sentidos mais aguçados, à potência imaginante das sombras. Alberto Manguel, em *A biblioteca à noite*, afirma que "À noite [...] a atmosfera é outra". Referindo-se à sua biblioteca, escreve que "Os sons se abafam, os pensamentos se fazem ouvir. [...] O tempo parece mais próximo daquele momento a meio caminho entre a vigília e o sono, quando o mundo pode ser confortavelmente reimaginado" (Manguel, 2006, p.20). Ele descreve a potência imaginante que advém tanto do silêncio, da luminosidade e do ar que, nesta proximidade com o sono e o sonho, que permitem outra relação com os objetos e, sobretudo, com outras dimensões ("visões espectrais e os sonhos reveladores") e com a própria consciência.

Em uma pequena novela do escritor japonês Haruki Murakami, *Sono*, a protagonista descreve sua experiência de não conseguir mais dormir como um ato libertador e de expansão da consciência (Murakami, 2015). Sozinha, enquanto sua família e a cidade dormem, ela passa a dedicar seu tempo para si, algo que descobre nunca ter feito verdadeiramente, pois sempre estava cuidando do marido ou dos filhos ou atendendo demandas sociais. Esta vigília contínua se assemelha a uma fantasmagoria paralela à realidade diurna-social-compartilhada. Na madrugada, sozinha, ela se redescobre e se redefine.

A noite reverbera estes mistérios, e talvez por isso eu tenha iniciado este livro com o poema de Sophia de Mello Breyner Andresen, poetisa portuguesa que escreveu, na seção "A noite e a casa" de seu livro *Geografia*, o poema "Espera". Ele expressa muitas coisas que gostaria de colocar em movimento com este escrito, ao mesmo tempo que tensiona minha própria trajetória acadêmica e a tarefa que me proponho como pesquisador e professor universitário: *o noturno enquanto pensamento; o segundo brilho; a casa como lugar da espera noturna; e o silêncio.*

Estes quatro movimentos me permitem expressar o sentido deste livro, como amálgama do meu caminho até aqui, entrelaçando minha busca intelectual com meu trabalho como docente e pesquisador e as linhas de pesquisa e pensamento com as quais me envolvi ao longo dos anos, cuja expressão este livro, de alguma forma, repercute.

O NOTURNO ENQUANTO PENSAMENTO

Escrevi boa parte deste livro nas madrugadas, em períodos de expansão da experiência, como buscava Bachelard, como uma forma de expansão e de movência da própria consciência. O silêncio e o recolhimento, assim como a ampliação das possibilidades que nos são negadas pela agitação e pelas demandas diurnas (vindas sobretudo da própria universidade), tornaram a noite a abertura para pensar e escrever: de um voltar-se para a tarefa que tinha diante de mim e que envolvia, sobretudo, um recolhimento, um voltar-se para meu caminho e meu trabalho intelectual e acadêmico.

Um outro aspecto que me aproxima deste sentido noturno evocado pelo poema é a contraposição deste com o pensamento racional, ainda dominante em nosso fazer científico. O Século das Luzes, o Iluminismo europeu, tornou-se um grande farol ou pira flamejante a retirar os homens das trevas do não esclarecimento. Como bem mostram Adorno e Horkheimer (2006), em seu clássico *Dialética do esclarecimento*, de diferentes formas esta tradição, que ganhou corpo com Bacon mas que vigora desde os gregos, busca substituir o mito pelo esclarecimento, em um sentido de elevação da barbárie à civilização, buscando o desencantamento do mundo. No entanto, o resultado foi a eliminação das sombras e das nuances, das dobras e das reentrâncias, das cores e texturas, buscando, em um caminho retilíneo e claro, a eliminação das dúvidas, das bifurcações, dos alçapões e das possibilidades de fuga. Este pensamento iluminado, claro como o sol, projeta na ciência a busca por certezas e resoluções de problemas como meta e *modus operandi*. Toda forma de imprecisão é negada, e toda especificidade, descartada (Moles, 1995)

É longa a tradição de crítica a esta forma de pensamento que se constitui como ciência moderna europeia (e se globaliza) e as suas consequências para o pensamento e para o próprio humano. Adorno e Horkheimer (2006) buscavam, por exemplo, mostrar em suas teses como o esclarecimento não deixou de fazer mergulhar toda a civilização europeia na barbárie. O papel da ciência em produzir a dominação da natureza, via expropriação do pensamento, apontava, por fim, os limites do próprio esclarecimento, manifestando-se pelos diferentes nexos entre racionalidade e realidade social.

Esta tradição de pensamento racional consolidada na modernidade e que recebeu sua versão mais bem acabada com a ciência moderna destinada ao estudo da natureza (Galileu, Bacon e Descartes) (Russel, 1969; Dilthey, 2004) se converteu, na viragem do século XX, também em ciências humanas. Estas, igualmente guiadas pela busca da luz e do esclarecimento, produziram o assujeitamento do homem, fragmentando-o ao apartar palavras e coisas, via representação, como aprendemos na arqueologia das ciências humanas de Michel Foucault (2007). Estas vieram com uma nova episteme que, distanciando-se da inteireza da vida ou do sentido transcendental do humano (Dilthey, 2010a; 2010b), o incluíram no mesmo esquema objetificador de análise científica, o que não afetou apenas as ciências humanas, mas se tornou também o modo predominante da filosofia no final do século XIX (fortemente metafísica e intelectualista), que passou a se pautar pela ciência (Dilthey, 2014).

Chamada por Boaventura de Sousa Santos de ciência do paradigma dominante (Santos, 1987; 1989), embora com muitas nuances e variáveis, se mantém defensora de um *modus operandi* centrado no esclarecimento e na objetividade dada por um tipo de racionalidade que, utilizando a imagem bachelardiana, podemos chamar de conhecimento diurno. Como mostra a crítica mordaz de Paul Feyerabend (2007; 2010), há uma espécie de tautologia nesta ciência, estabelecendo as condições para suas perguntas naquilo que previamente está posto em seus conceitos e métodos. Esta rigidez dificulta a formulação de respostas da ciência às questões de seu próprio tempo, tornando-a, em si, um parâmetro de verdade. A defesa feroz de Feyerabend *Contra o método* é, na realidade, contra "o" método, único e pré-definido, consolidado pela ciência moderna. Sua proposta de anarquismo epistemológico, o famoso "tudo vale", não abre mão de rigor e coerência; antes, defende que estes devem estar ancorados na realidade social, não na ciência *per se* ou na sua lógica (Feyerabend, 2010).

Este conjunto de críticas à ciência moderna aponta para a construção de métodos mais abertos e para o esforço compreensivo (hermenêutico) da tarefa das ciências humanas. Santos (1989), por exemplo, defende a necessidade de uma dupla hermenêutica crítica (de suspeição e de recuperação), que objetiva trazer a ciência para a relação eu-tu, na proximidade compreensiva das relações sociais, centrada na incorporação do senso comum, resgatando o sentido social da experiência como fundamento das ciências sociais (Santos, 2000), compreendendo o conhecimento como tendo significado prático e social (Santos, 2008).

Estas críticas atravessam o século XX e acompanharam os debates entre ciências da natureza e ciências humanas, repercutindo em ambas, mesmo que com pontos de partida e desdobramentos distintos. Desde o princípio de incerteza de Heisenberg (na década de 1920), passando pela teoria da relatividade (e suas consequências) (Monteiro, 1991), bem como os movimentos já nas últimas décadas do século de busca por uma "nova aliança" e o anúncio do "fim das certezas" (Prigogine; Stengers, 1991; Prigogine, 1996), apenas exemplificam como um modelo que se tornou ao longo do tempo totalizador apresentava sinais claros de esgotamento.

Mas estas críticas não parecem ser capazes de criar mais do que algumas sombras no domínio das luzes. Questionam o predomínio da razão, mas ainda a mantém como meio para um saber mais coerente e aderente ao real. Não apenas lançam mão da própria lógica argumentativa científica, como parecem defender como saída uma razão mais apurada, um esforço metodológico mais consciente, uma prática científica mais comprometida: mas sem abrir mão do esclarecimento e de seu sentido progressista, em uma ascendente cumulativa temporal que não retrocede.

É neste mesmo sentido de crítica que a fenomenologia, iniciada por Edmund Husserl, se direciona contra a objetivação da vida realizada tanto pelas ciências quanto pela filosofia, tal como se apresentavam na virada do século XIX para o XX. Husserl pretendia, com a fenomenologia, redirecionar a filosofia à sua tarefa, retirando-a da sombra do *modus operandi* da ciência, propondo-a como uma ciência de rigor (Husserl, 1962). Este caminho produz posteriormente uma forte crítica às ciências, às quais teriam promovido o afastamento do homem do mundo-da-vida (*Lebenswelt*), ou seja, dissociando o ser humano de si mesmo, das coisas e do mundo via objetivação da vida (Husserl, 2012a). Para Husserl (2012b), este tipo de ciência tinha sua parcela de responsabilidade na crise social e cultural na qual a sociedade europeia estava mergulhada e por isso pensava, como saída para a crise, uma outra ciência e uma outra filosofia: a fenomenologia.

A fenomenologia apresenta-se como possibilidade para um pensamento e uma ciência centrados na experiência. Epistemologicamente falando, a relação consciência-mundo, tal como pensada por Husserl via intencionalidade (Husserl, 2001), apresentou-se como uma alternativa ao embate empirismo-idealismo, estabelecendo um nexo indissociável da consciência com o mundo, compreendendo que ambos se dão ao mesmo tempo, intencionalmente: a consciência é sempre consciência de algo. Mais do que isso, propunha-se a uma verdadeira reorientação, que implicaria outro fundamento para o conhecimento, centrado no mundo-da-vida (Fabri, 2007; Goto, 2008).

O movimento iniciado por Husserl contribuiu para resgatar a filosofia à sua tarefa, colocada em segundo plano na virada do século XIX para o XX diante da força e do sucesso da ciência. Trazer a filosofia de volta à tarefa de pensar foi um dos fatores que fez da fenomenologia um dos pensamentos mais fecundos que influenciou toda filosofia do século XX. Vários pensadores foram motivados por tal empreendimento, como M. Heidegger (2009a), M. Merleau-Ponty (1971) ou mesmo o movimento pós-estruturalista em G. Deleuze e F. Guattari (2010) e os desconstrutivistas como J. Derrida (2013).

Outro fator decisivo que faz com que sua influência esteja muito mais disseminada do que muitas vezes é reconhecido, estando presente nos fundamentos de autores que nem sempre são ligados ao pensamento fenomenológico, é por ter colocado novas possibilidades para se pensar o sentido do ser, da existência e da própria vida, de uma maneira mais proximal e corporificada. É na sua repercussão e recepção francesa, por exemplo, que a chamada "cena da filosofia francesa do século XX", centrada nas questões em torno do sujeito, vai se constituir, estando na base das repercussões do existencialismo, da filosofia da diferença, do pós-estruturalismo e da desconstrução, movimentos fundamentais que influenciaram as ciências humanas e sociais (Derrida, 1996; Nalli, 2006; Badiou, 2015). Está presente também no pensamento latino-americano e contribuiu para as discussões da filosofia da libertação e a crítica à ontologia e ao eurocentrismo (Kusch, 1976; Noguera, 2004; Dussel, 2011).

Mas seria a fenomenologia, ela própria, um caminho para um pensamento noturno ou seria ela também herdeira da modernidade triunfante, em busca da luz do esclarecimento? Seria a fenomenologia outra luz, apenas de outra cor?

Primeiramente, é importante lembrar que a obra de Husserl não estabeleceu um sistema filosófico, antes, como foi compreendido por Heidegger (2012a), apresenta-se como um caminho, no sentido de possibilidades e de método. Em vista disso, os vários fenomenólogos, ao trilharem suas sendas criaram seus próprios caminhos, sendo, na prática, muito imprecisa a expressão "fenomenologia" se não houver uma circunscrição mais específica à qual fenomenologia se está referindo. Embora com fundamentos em Husserl, a fenomenologia é um pensamento heterodoxo por definição, o que lhe daria um primeiro indicativo de sua condição antimoderna e antiesclarecimento como via de mão única para o conhecimento.

Em segundo lugar, devo pensar, neste momento, na proximidade com a fenomenologia de Heidegger, pois é com seu pensamento que tenho dialogado de forma mais intensa para constituir meu pensar e meu fazer. Esta não é uma escolha de circunstância, que reverbera a trajetória de investigação e de pensar, cuja base encontra-se em Heidegger mais como ponto de partida do que como porto de chegada. Dito de outro modo: remeter-me a Heidegger, no meu caso, é reconhecer um timoneiro deste caminho (que me acompanha desde a graduação), mas não uma destinação.

Reconhecida esta circunstancialidade do pensar, a pergunta mais direta seria: o pensamento de Heidegger pode ser considerado um pensamento noturno, no sentido assumido neste texto?

Há vários problemas em se fazer esta questão. Primeiramente, como todo autor com vasta obra, há muitas maneiras de se aproximar de Heidegger. Ele pode ser visto como o último grande autor que realizou o diálogo com toda a tradição da metafísica, redefinindo muitos de seus posicionamentos. Mas também pode ser compreendido como o filósofo do habitar poético, do pensar e sentir pela poética. Ele ainda pode ser reputado como pensador do Ser, em sua ontologia fundamental, ou ainda como filósofo do espaço, mais contemporaneamente.

Uma segunda dificuldade, que está de certa forma atrelada à primeira, diz respeito à relevância e preponderância que Heidegger, filósofo, e seu pensamento possuem no cenário contemporâneo. Sua relevância o torna daqueles filósofos incontornáveis. Ernildo Stein (2008; 2015) é categórico ao nomeá-lo como autor da principal obra filosófica do século XX, o que é dito de outras formas por diferentes pensadores e filósofos. Um autor deste porte, portanto, facilmente se torna, ele mesmo, uma grande fonte de luz que serve, para muitos, de guia seguro e constante: um caminho pré-definido a ser seguido e cultuado.

Esta luz, no entanto, é reconhecida tanto por aqueles que tomam Heidegger e sua obra como um caminho pré-estabelecido, a ser seguido, quanto por aqueles que se esforçam em acusar seu pensamento de estar ligado ao nazismo, à formas autoritárias de pensar, e o filósofo, de se posicionar contra judeus ou outros grupos, defendendo a nação alemã e se opondo à diferença.

O que estes dois grupos têm em comum é tomarem a obra de Heidegger como algo dado, objetivo e *a priori*, fruto muito mais da projeção de seu pensamento do que do exercício próprio do pensar, aquilo que ele sempre reclamou para si e se propôs não apenas como sentido da fenomenologia, mas da própria filosofia.

Desejo, portanto, para enfrentar a pergunta que se coloca sobre o caráter noturno de seu pensamento, desviar deste caminho e considerar sua obra na mesma chave que ele propôs: pensar é ser, ser é pensar, o que implica a dinamicidade própria da manifestação enquanto existência (Heidegger, 2012a).

Não olhemos então para o Heidegger construtor de um sistema filosófico: mas para aquele discípulo de Husserl que reconheceu a necessidade de redirecionar a filosofia à sua tarefa que, para ele, envolvia recolocar a possibilidade da pergunta pelo Ser (Mac Dowell, 1993; Werle, 2012; Kirchner, 2016) e que foi conduzido à fenomenologia a partir do interesse despertado pela discussão sobre a multiplicidade do ser em Aristóteles, encontrando na fenomenologia a possibilidade de desdobrar o assunto (Stein, 2015).

Para ponderar sobre o caráter noturno do pensamento de Heidegger, vou recorrer às considerações de Giani Vattimo (2007), que, no livro *O fim da modernidade*, argumenta como a crise do humanismo, que é a própria crise das ciências humanas e do projeto moderno de pensamento, tem como principal marca a ideia de progresso, que atravessa todo nosso pensar e, por consequência, todas as dimensões da vida social. Vattimo reverbera Nietzsche para mostrar como a ideia da superação sem fim é constituinte fundamental do pensamento moderno, levando sempre à decadência e ao ímpeto pelo novo, pelo atual, na certeza de que o progresso histórico é sempre virtuoso, aquilo que Nietzsche (2012) chama de doença histórica.

Em Heidegger, segundo Vattimo (2007), essa recusa do pensamento linear moderno se dá pela compreensão do filósofo de uma outra forma de relação com a tradição. Em *A superação da metafísica*, por exemplo, Heidegger (2001a) defende a superação da tradição não como o vencimento de uma etapa, como se estivesse instituindo algo novo a partir de algo superado, que ficou para trás. Antes, recorre ao termo que Nietzsche já havia usado: *Verwindung* no lugar de *Ueberwindung*. Vattimo (2007, p.169) afirma que *Verwindung* não contém o sentido de "deixar para trás", como se o passado não tivesse nada a nos dizer, como acontece com *Ueberwindung*. Antes, podendo ser traduzida como ultrapassamento ou ultrapassagem, a palavra contém o sentido de superação que incorpora e soma.

Deste modo, as grandes promessas da modernidade de como dar respostas seguras e produzir o desenvolvimento, com saúde, segurança e proteção social (Touraine, 1998; Castel, 2003), começam a naufragar quando Nietzsche (2012) expõe a inconsistência dessa forma de pensar, mostrando pelo eterno retorno do mesmo a verdadeira face do novo, como mecanismo de redução do ser ao *novum*, eliminando sua história, como essência do pensamento da razão triunfante.

Esse vício pela novidade ganha forma na nossa sociedade do espetáculo e do consumo, a qual se pauta, segundo Han (2015), pelo desempenho e pelo excesso. Não é difícil acompanhar por alguns minutos as redes sociais que se proliferaram nos últimos anos para presenciar situações que exemplificam esta necessidade de atualização de *status*, de forma, de recolocação constante no topo de uma *timeline* ou de uma publicação muito comentada. O novo está sempre à mão, a localização de uma postagem anterior é sempre um movimento mais difícil, custoso. O mesmo se pode dizer de qualquer segmento de mercado que renova o design de seus produtos apenas para que o modelo anterior seja percebido como antigo ou menos atrativo (obsolescência percebida) e, portanto, inferior ao modelo recém-lançado. A indústria automobilística é pródiga em exemplos, com novos modelos em ciclos de cinco anos, o que pode ser visto como a produção incessante de modelos anacrônicos, cada vez mais antigos, até se tornarem objeto de coleção por parte de um segmento que valoriza o *vintage* e aquilo que está tão distante do atual que se torna, para novas gerações, um *novum*.

Vattimo (2007, p.175) afirma que "A tarefa do pensamento não é mais, como sempre a modernidade pensou, remontar ao fundamento e, *por essa via*, encontrar o *novum*-ser-valor, que em seu desenrolar sempre posterior confere sentido à história". Qual é então a tarefa do pensamento? Em Nietzsche, talvez o primeiro pensador noturno (que se opunha sobretudo à luz cegante do sol platônico), trata-se da *filosofia do amanhã*: aquela que responde à tarefa de seu tempo, na proximidade (Vattimo, 2007).

Nietzsche (2008, p.271-272) a apresenta no último aforismo de *Humano, demasiado humano*, como a busca do andarilho que alcançou a liberdade da razão, tornando-se um viajante sem meta final. Eis uma expressão noturna convincente de rompimento com o cegamento produzido pela luz: desvendado o ciclo infinito da novidade sem objetivo, afirma que o andarilho "não pode atrelar o coração com muita firmeza a nada em particular; nele deve existir algo de errante, que tenha alegria na mudança e na passagem", embora mantenha os "olhos abertos para tudo quanto realmente sucede no mundo".

Para Vattimo (2007), este é um dos indícios daquilo que chama de filosofia pós-moderna (nos sentido dado por Lyotard (2009), de rompimento com as metanarrativas – a crise dos relatos), e que reputo como traço de um pensamento noturno, que ganha força também em Nietzsche (2005; 2012) por sua defesa do pensamento orgânico, radicalmente corporal e sensitivo, além de sua vociferante luta contra a forma de razão platônica que é manifesta em toda a tradição metafísica.

Heidegger não se coloca como uma nova luz, ao contrário, como bem mostra Stein (2015, p.47), o filósofo da Floresta Negra não trazia uma doutrina nova, mas queria levar a sério as conquistas da filosofia. "Queria mostrar a necessidade de abandonar a ideia de ser como fundamento", o que implicava "abandonar o dualismo da metafísica, a relação sujeito-objeto e a reflexão absoluta como condição de possibilidade do pensamento." Seu pensamento, portanto, embora dialogue fortemente com a tradição, nega as metanarrativas e, sobretudo, os caminhos pré-concebidos de compreensão.

Como na filosofia do amanhã de Nietzsche, Heidegger também enfatiza a necessidade de ater-se à tarefa do momento (Vattimo, 2007), o que o filósofo viria a elaborar e reelaborar ao longo de sua vida, como, por exemplo, nos textos *O fim da filosofia e a tarefa do pensamento* e, complementarmente, em *O que quer dizer pensar?* No primeiro, Heidegger (2009a, p.84) afirma o fim da filosofia como metafísica, assumindo assim sua superação que resultaria em sua refundação, cuja tarefa seria "a entrega do pensamento [...] à determinação da questão do pensamento". Isso significaria destinar a filosofia à tarefa da busca da verdade enquanto desvelamento, completando assim a conversão de *Ser e tempo* em *Clareira e Presença* (ser-aí).

No segundo caso, Heidegger (2001b, p.111) defende que devemos aprender a pensar, diferenciando o pensamento da capacidade racional (*ratio*). Werle (2012) lembra que, em Heidegger, a ideia de pensamento está atrelada à de percurso e à de questionamento. Assim, o próprio questionar-se está atrelado a uma maneira de filosofar, de colocar-se a caminho, o que constitui a abertura, como possibilidade.

Este pensar é ser, pois está comprometido com o *Dasein* que somos. O horizonte deste pensar é a facticidade do ser-no-mundo, que se converte em desvelar enquanto abertura quando nos colocamos a caminho, ou seja, fazermos a pergunta pelo Ser. É por isso que a fenomenologia, em Heidegger, se torna hermenêutica: pois a analítica existencial objetiva a compreensão da manifestação do ser-em, ser-no-mundo, ser aí (Stein, 2015).

Este pensar, portanto, só é possível pelo gosto, ou seja, aquilo que "nos dá gosto em nosso próprio ser à medida que tende para isso" (Heidegger, 2001b, p.111). A palavra gosto aqui está ligada à predileção, ao belo, ao virtuoso que nos afeta (Rentería, 2007), que nos provoca. Isso implica que tendemos àquilo que nos conclama, que nos atém, no sentido de cuidar, guardar. Ao mesmo tempo, guardamos o que nos atém (na memória, como pensamento) e está aí a possibilidade do pensamento.

Heidegger (2001b) afirma que devemos pensar cuidadosamente aquilo que deve ser pensado, ou seja, aquilo que é do nosso gosto e que é do nosso tempo. É necessário portanto interesse, no sentido de estar permeado, em meio às coisas, sendo afetado e envolvido com/por elas. É por isso que Heidegger (2001b, p.115) afirma que "a ciência não pensa", havendo apenas entre ciência e pensamento o salto, sem ponte. A que tipo de ciência o filósofo está se referindo? À ciência moderna, pois em uma de suas mais importantes preleções anteriores a *Ser e tempo*, *Introdução à filosofia*, Heidegger (2009b) desenvolve este aspecto do gosto na sua relação entre pensar e ciência, reafirmando, de um lado, a diferença entre filosofia e ciência, mas colocando, de outro, um outro sentido possível para a ciência: uma *ciência existencial*.

Partindo de uma crise tripla da ciência, a crise na estrutura interna da própria ciência, a crise da ciência em vista de sua posição no todo do ser-aí histórico-social e a crise na relação do indivíduo com a ciência, o filósofo mostra a necessidade de se compreender a essência da ciência "no contexto do ser-aí humano como tal e a partir de sua constituição fundamental" (Heidegger, 2009b, p.32). Essa necessidade demanda pensar a ciência, primeiramente, em seu sentido para o cientista, enquanto ser-aí, o que implica uma essência existencial da própria ciência, articulando assim as três crises.

A consequência principal desta preleção é a compreensão existencial da ciência, que deve, como o pensamento, envolver o gosto e um sentido propriamente existencial para o cientista. O sentido constituído no ser-aí é fundante, articulado em um ser-com e uma ciência que, se quiser realizar a ultrapassagem das crises, deve colocar-se também a demanda de responder à tarefa do pensamento, na proximidade.

A possibilidade para realizar esta ultrapassagem, ou o próprio salto ciência-pensamento, para Heidegger, é o poético, presente em seu trabalho de forma mais forte a partir dos anos 1940, sendo este que despertará no filósofo um sentido profundo de desvelamento e possibilidade de pensar cuidadosamente. Esta viragem poética de Heidegger acentua seus traços noturnos, especialmente por três aspectos marcantes de seu pensamento que são reforçados a partir de então: o *deixar-se mostrar*, a *espera como serenidade* e os *caminhos de floresta*.

Os três expressam de forma direta e particular a apropriação feita por Heidegger da fenomenologia. O "deixar-se mostrar" vem da própria compreensão da ideia de fenômeno, discutida no famoso parágrafo 7º de *Ser e tempo*. Nele, Heidegger (2012a) considera os sentidos da palavra fenômeno, indicando "o-poder-ser-entendido-por-si-mesmo" como fundamental, ligado também à ideia de pôr na luz ou pôr no claro. Heidegger mostra, no entanto, que não se trata de uma ação que coloca o fenômeno na luz: aquilo que se mostra só pode ser revelado porque aparece, dando origem a um aparecimento. Isso significa, em outras palavras, que a condição de revelar a si próprio, tornando-se presente (aparente) não está em um elemento externo (como um sujeito epistemológico) nem próprio (como um objeto epistemológico). Fenômeno é sempre termo utilizado para referir-se ao movimento próprio do acontecimento, o "mostrar-se-em-si-mesmo – significa um modo assinalado de algo vir-de-encontro." (Heidegger, 2012a, p.109). O "deixar-se mostrar", portanto, envolve uma doação do Ser, e não uma ação do investigador que "descobre" ou "desencobre". Há uma relação originária de doação que funda o acontecer fenomênico que não estabelece hierarquia entre os entes envolvidos, o que é radicalmente diferente de qualquer sentido de conhecimento metafísico moderno. Para que isso possa ocorrer, a atitude do pensamento deve ser de expectativa, e não de controle.

A "espera como serenidade" envolve a dimensão própria desta doação. Na *Carta sobre o humanismo*, Heidegger (1991) afirma que a tarefa do homem, como ser-no-mundo, é a de pastor do Ser. Isso implica o cuidado e o zelo pelo sentido ou essência do Ser. Esta posição implica uma espera, um cuidado desinteressado, não uma investigação metódica com objetivos pré-definidos. Além disso, se o fenômeno se manifesta nele mesmo, não é pela pressa ou ansiedade que ele irá se revelar.

Em discurso proferido em sua terra natal em 1955, intitulado "Serenidade", Heidegger (2000) argumenta que esta se refere ao deixar os entes ao abandono, deixar as coisas em si mesmas, sem sermos absorvidos por elas. Como bem aponta Moraes (2008), a serenidade implica deixar os utensílios e os entes tal como o são para si. Orientado para a discussão da técnica, em seu discurso, ele recorre à serenidade para com as coisas (*die Gelassenheit zu den Dingen*) para fundamentar uma inserção no mundo técnico sem que isso implique abrir mão da clareira ou da possibilidade de pensar. "A serenidade em relação às coisas e a abertura ao segredo são inseparáveis" (Heidegger, 2000, p.25). Busca o filósofo uma posição diante da inegável presença (invasão) dos objetos técnicos em nosso cotidiano e a impossibilidade de retorno romântico ou reação antitécnica radical, que permita ainda a abertura para um novo enraizamento, a manutenção da possibilidade de pensar em sintonia com a Terra e o mundo.

Toda a obra de Heidegger aponta para esta espera, esta escuta atenta, esta serenidade, remetendo aos caminhos do campo (Heidegger, 1969), à terra natal e a uma condição meditativa profunda de escuta e desprendimento. A quadratura, com sua dimensão mística, ajuda a compreender este direcionamento do pensamento do filósofo: não é o homem iluminista, soberano da natureza e do conhecimento, mas é um homem que habita em relação, o que implica a espera e a compreensão (hermenêutica) do significado de cada ente e de seu papel na quadratura. Seu pensamento está aproximado ao trabalho do lavrador, em sentido essencial (Kirchner, 2009).

O resultado é o movimento "às coisas mesmas!" e a possibilidade de um pensamento vivo: "O pensamento que medita exige que nos ocupemos daquilo que, à primeira vista, parece inconciliável" (Heidegger, 2000, p.23). Este pensamento nos leva à serenidade para com as coisas que permite a abertura para o mistério: aquilo que nem mesmo se pode nomear.

Por fim, os "caminhos de floresta" (*Holzwege*), nome de um livro tardio de Heidegger (2012b), expressa um terceiro aspecto da compreensão heideggeriana da fenomenologia, referindo-se aos caminhos erráticos, feitos de bifurcações, linhas paralelas e sem saída. Percorrer estes caminhos envolve ir e voltar, tornar a ir, procurar, caminhar sem saber bem para onde se está indo. Esta é a própria imagem que Heidegger elege para pensar a fenomenologia como caminho, ou seja, como abertura de possibilidades que se faz enquanto se caminha. No entanto, este caminhar (o pensamento) não se dá em linha reta, com um fim definido, como é estabelecido pela modernidade diurna; como caminhos de floresta, há sombras, desvios, retornos e possibilidade de perder-se, sem nenhuma certeza de algum destino específico.

Kirchner (2009) registra sobre a expressão "a caminho" que inicia alguns textos de Heidegger, a importância do "colocar-se a" sem a presença de dois termos que a preposição deveria, supostamente, ligar.

Em vez de um pressuposto metafísico anterior, este uso da preposição e da própria expressão "caminho" marcam o sentido do seu filosofar enquanto tarefa que se constrói em movimento, sem um início ou um final pré-definidos: nem pela tradição precedente nem pela objetividade almejada. Pensamento que é existencial se faz como abertura, enquanto se caminha.

Todos esses traços são importantes para este caráter noturno na fenomenologia de Heidegger, tanto por se apresentarem como possibilidades de superação (ultrapassagem) da modernidade, quanto por permitirem que a ciência seja repensada em seu sentido existencial poético, constituindo-se em aberturas para pensar aquilo que deve ser pensado, na proximidade e necessidade de nosso tempo.

Se Heidegger tomou para si a recolocação da possibilidade de se fazer a pergunta pelo Ser como tarefa de seu tempo (Werle, 2012), aquilo que precisava ser pensado, qual é a tarefa de nosso tempo?

O SEGUNDO BRILHO

Não se trata de uma pergunta de resposta simples. Por mais que tenhamos muitos profetas que responderiam com avidez a tal pergunta, com suas certezas, compreender o próprio tempo é a grande tarefa do pensamento e nela reside exatamente a grande dificuldade.

Mas não pretendo fazer suspense. A grande tarefa do pensamento se apresenta, não por acaso, entremeada e revelada pela minha própria trajetória e esforço de trabalhar com os múltiplos temas com os quais estive envolvido: trata-se da propalada "questão ambiental" que, de questão pontual, converte-se em expressão do grande desafio contemporâneo.

Tenho três razões para fazer tal afirmação: 1) a "questão ambiental" chegou a tal ponto que não é mais manifestação da crise, mas é ela que dá vida e articula as outras crises; 2) a "questão ambiental" é, acima de tudo, uma crise do modo de pensamento que se manifesta como crise da linguagem; 3) a "questão ambiental" é, antes de mais nada, uma crise existencial, ontológica.

Sobre a *primeira razão*, é difícil sustentar atualmente a setorização dos problemas ambientais como aspectos pontuais ou resultado de desajustes na forma de ocupação humana ou uso de determinado tipo de recursos em um lugar específico, como foram encarados por muito tempo (Burton; Kates; White; 1978; Kates, 1978). O discurso do desenvolvimento ou mesmo as análises da ecologia política concordam que problemas ambientais são resultado de um modelo de desenvolvimento predatório e sem limites (Noguera, 2004; Porto, 2007; Porto-Gonçalves, 2010; Martínez Alier, 2012) que produz riscos e perigos que atualmente são compreendidos do ponto de vista social (Hogan, 2005; 2007; Beck, 2010), tendo a tecnologia papel fundamental nesta produção e distribuição (Beck, 1994; Silva, 1999; Mycio, 2005; Auyero; Swistun, 2008).

No entanto, como lembra Michel Serres em *O contrato natural*, o grande resultado de décadas de industrialismo e introdução de profundas mudanças ambientais em escala mundial é, ao lado da própria globalização, a sobreposição ou equiparação da história global com a natureza, ambas pensadas em sua totalidade. "A história global entra na natureza, a natureza global entra na história: e isto é inédito na filosofia." (Serres, 1991, p.15). O que está em risco é a Terra, como um todo, e a humanidade, em seu conjunto.

Serres mostra como o histórico conflito que a humanidade trava contra a natureza constituiu a nova guerra mundial, na qual a limitação do planeta se manifesta como o inimigo comum. Serres (1990, p.20) pergunta: "A história se detém diante da natureza?". No pensamento moderno de busca sempre pelo novo, pela novidade que descarta o passado, sabemos que a resposta é não.

Mas seria esta nova dimensão global-totalizante o resultado de um problema setorial que aumentou em escala? Luiz Marques, em *Capitalismo e colapso ambiental* defende a tese de que é a própria "questão ambiental", tendo atingido a proporção eminente de colapso, que se constituiu na principal problemática para se discutir a sociedade contemporânea atualmente (Marques, 2015). Isso porque ela é, de forma concreta e objetiva, o limite do próprio desenvolvimento tal como o capitalismo o constituiu.

A uma conclusão semelhante já haviam chegado há algumas décadas os autores da chamada sociologia ambiental, embora com um tom menos catastrofista, como Beck (1994; 2010), Spaargaren; Mol; Buttel (2000), Schenaiberg; Gould (2000), Dunlap et al (2002), entre outros. Estes têm defendido, por diferentes caminhos teóricos, a posição central que o tema ambiental foi assumindo no contexto da sociedade contemporânea, sobretudo no período de consolidação da globalização. De questão marginal ou setorial, passa a circunscrever a própria forma como a sociedade contemporânea, globalizada, se organiza e, por isso, repercute em todas as dimensões da vida social (Macnaghten; Urry, 1998).

Beck (2010) mostrou isso colocando a questão do risco no próprio mecanismo de reprodução social, assim como Giddens (1991; 2010) reconheceu a modernização reflexiva como atuando diretamente na produção de riscos e desencaixes, inclusive no que se refere às políticas das mudanças climáticas, no novo regime de interferência das questões ambientais na governança global.

Esta compreensão chega a um ápice radical com a leitura cosmopolítica de Isabelle Stengers que, em seu livro *No tempo das catástrofes*, defende que o padrão de desenvolvimento da sociedade capitalista contemporânea chegou a tal ponto de insustentabilidade que é necessário compreender que um fato novo está se dando. Este fato ela chama de *intrusão de Gaia* (Stengers, 2015, p.35).

Com este provocativo nomear, Stengers deseja evidenciar o movimento intrusivo da natureza em nossa vida, sociedade e modo de desenvolvimento. Não se trata, como afirma, de recorrer à mitologia de Gaia como mãe, apelando para nosso pertencimento à Terra, nem de estabelecer a necessidade de elaborarmos uma resposta. "Trata-se de pensar aqui a *intrusão, e não o pertencimento*" (Stengers, 2015, p.37). O que significa isso?

O nomear "a intrusão de Gaia" é um movimento político-criador de uma outra questão, de uma outra forma de compreender as consequências do desenvolvimento e de nossa relação com o ambiente. Stengers objetiva suscitar uma outra maneira de pensar o próprio problema, já que a questão não é a de encontrar soluções técnicas ou mesmo comportamentais. Para Stengers (2015), a intrusão de Gaia não exige de nós uma resposta, pois não nos pergunta nada. Ela simplesmente se faz presente, indicando a urgência de ação diante de algo que se coloca à nossa revelia. Mais do que simples reação a um modo de produção, a iminência da catástrofe é a constatação intrusiva de que quem está ameaçada é a sociedade humana, não a própria Gaia. E que diante de sua intrusão, que se manifesta nesta forma de compreender a "questão ambiental" como mais do que uma "questão" de ajuste, implica, portanto, uma outra forma de pensar.

Para Stengers (2015, p.41), esta nova forma de pensar é a compreensão da relação entre ciência e política, dando aos cientistas a tarefa e a possibilidade de pensar sobre esta relação em seus estudos. Segundo ela, é necessário politizar a questão, dado o predomínio do sentido econômico que a cobriu.

Esta questão também não é, em si, nova. Todo o ambientalismo está implicado na relação entre ciência, desenvolvimento e sociedade. As questões arroladas a partir do modelo de desenvolvimento implicam as relações entre tecnologia, sociedade e natureza, nem sempre evidenciadas ou colocadas para o debate. Pepper (2000), no entanto, mostra como a ciência (na realidade, a razão, seja instrumental seja metafísica) participa ativamente da concepção social sobre natureza e o ambiente (pelo menos no ocidente).

Esta forma de pensar não é monolítica nem estável ao longo do tempo. Oscilou e alimentou debates que implicaram a superação da perspectiva clássica e mecanicista da ciência em direção a perspectivas holísticas que consideravam a cultura e o ser humano como parte da natureza (perspectiva da ecologia profunda) ou, de outro lado, a natureza como constructo e produto social (ecologia social ou ecossocialismo). No primeiro caso, segundo Pepper (2000), há reverberação do pensamento de Heidegger e de uma compreensão da Terra como lar e lugar de habitação, enquanto no segundo caso, a necessidade de apropriação da terra como meio de produção está no centro da perspectiva de futuro do movimento.

Estes dois fundamentos implicam duas perspectivas distintas de encaminhamento ou enfrentamento da questão ambiental. No primeiro caso, volta-se para o ser humano e a necessidade de modificação de sua compreensão (ele é o cérebro do grande organismo, Gaia, e deve refundar sua relação com a natureza e o ambiente). No segundo caso, é necessário modificar a estrutura social, atingindo diretamente o sistema produtivo com valores associativistas e coletivos.

Em todos os casos, no entanto, a ciência, como fonte para tais movimentos e perspectivas sobre a relação sociedade-ambiente, apresenta sempre um sentido parcial que, mesmo sem ser politizado, é político. Por outro lado, aparentemente autoexcludentes, estas perspectivas (não raro contrapostas como idealistas e materialistas) concordam com a insustentabilidade do sistema atual e o potencial colapso, embora tenham adotado, ao longo dos anos, posturas mais proativas e realistas, inclusive deixando propostas que se mostraram inviáveis pelo caminho, em prol da realização e incorporação de outras que se mostraram factíveis (Pepper, 2000). Vegetarianismo e direitos dos animais e de entes não humanos (como rios) são exemplos no primeiro caso, e agroecologia e produção orgânica em assentamentos rurais e até em sistemas comerciais são exemplos no segundo caso.

É por isso que o colapso apontado por Stengers (2015) deve ser compreendido em um contexto de esforço performático semântico que aponta para a falência não da Terra, como natureza, mas do ambiente como mundo humano. Há um forte componente moral intencional que busca criar uma outra perspectiva para se olhar o mesmo fenômeno, já saturado e constantemente revisitado (cuja última roupagem, das mudanças climáticas, parece já estar se desbotando). Em vista disso, é contra o pensamento diurno moderno que alimenta esta forma de pensar dicotômica e objetivista que sua crítica se direciona, reforçando o coro contra o tipo de racionalidade que coloca a natureza como mero hábitat humano (em sentido biológico), que posteriormente se converte em recurso (econômico) que, nada mais é do que a incorporação da natureza como força produtiva de valor (Leff, 2006).

Esta é a *segunda razão*: a "crise ambiental" é uma crise de pensamento, uma crise civilizatória que é, sobretudo, uma crise da linguagem.

Trata-se, portanto, de uma problemática na própria forma como compreendemos natureza, sociedade, humanidade e ambiente, problemática que não apenas contribui, mas também se encontra na própria origem de todas as crises de nosso tempo. A dicotomia sociedade-ambiente se reproduz no interior das questões, constituindo-se juridicamente e, com isso, dificultando até mesmo a identificação e o enfrentamento dos problemas (Pigeon, 2005). A história do próprio ambientalismo é a história da superação destas fragmentações, em busca de uma arena (ou escala) política de atuação correspondente (Viola; Leis, 1995).

É nesta perspectiva que Enrique Leff, na esteira de um pensamento latino-americano, coloca a necessidade de um saber ambiental (Leff, 2000) e de uma racionalidade ambiental (Leff, 2006) que, nada mais são do que componentes de uma epistemologia ambiental (Leff, 2001). Esta seria a refundação de um pensamento tendo em perspectiva outro marco de compreensão da relação natureza-sociedade e do próprio conhecimento, na forma de um diálogo de saberes, visando à articulação para combater a fragmentação do próprio conhecimento. Esta perspectiva integrativa, já presente na história do ambientalismo, busca justamente ultrapassar a separação entre "idealistas" e "materialistas" e, no campo formal, as setorizações da administração e das políticas públicas, em busca de um marco contextual, compreensivo e propositivo ao mesmo tempo. No caso de Leff, é importante enfatizar o papel da crítica de Heidegger à relação sujeito-objeto, à técnica moderna, à metafísica e à concepção de homem, críticas fundamentais para sua proposição integrativa.

Serres (1990) argumenta que o grande desafio da ciência diante da crise seria considerar o objeto em sua totalidade pela primeira vez, colocando-se com a filosofia (que tende ao pensamento global) em uma nova forma de interação. Mais do que isso, precisa refundar seu contrato como comunidade com o mundo e os homens: precisa de outro *modus operandi* que refunde a paz e a beleza por meio de um contato natural, que não dissocia a ciência ou o pensamento, mas os liga de forma simbionte à própria Terra.

Ana Patricia Noguera levanta ideia semelhante, por uma perspectiva estético-política latino-americana, argumentando que é necessário um reencantamento do mundo, no sentido de buscar alternativas para a secularização produzida pelas luzes modernas. Noguera (2004) defende que a poética é potente em dar a palavra ao ambiental, enquanto Terra, buscando uma escuta e um diálogo com ela. Dando resposta à ilusão antropocêntrica, desloca o foco para nossa própria forma de compreensão da Terra e do homem, como o faz Serres, em direção à desconstrução dos discursos sobre sujeito e objeto na modernidade.

Este é o segundo brilho: a imagem refletida no espelho à luz da lua, alta no céu durante o ápice da madrugada. Seu sentido poético é plenamente noturno, envolto em uma luz turva, fantasmagórica, que ilumina, mas de forma indireta, como quando os olhos se acostumam com a escuridão.

A poética desvela, mas não pela luz do esclarecimento. Seu desvelamento é pelo não dito (Barthes, 2008) e pelo que permite sentir, deixando operar, além da razão, a intuição (Nunes, 1986). Este sentir, enquanto revelação, é o enfrentamento do desafio da linguagem e do pensamento moderno, os quais contribuíram para ocultar o sentido das coisas, dificultando realizar a pergunta sobre eles.

Heidegger (2008), em *A caminho para a linguagem*, pensa a potência da linguagem enquanto possibilidade de desvelamento do sentido do Ser. Mais do que isso, o filósofo apresenta a necessidade de, pela linguagem, pensar novamente as coisas e seus sentidos, permitindo a realização do sentido do Ser pelo ato de nomear.

O poético é a possibilidade da abertura para o pensamento noturno, pois aproveitando-se do enfraquecer das luzes, desvela sentidos por meio do segundo brilho. Bachelard (2003; 2009) apresentou um caminho fenomenológico para a poética das imagens, destacando a potência reveladora das imagens em sua manifestação ontológica. Neste caminho noturno, a segunda luz ilumina o filósofo em seus devaneios, permitindo restituir a imaginação enquanto possibilidade pela escrita.

Esta perspectiva da linguagem poética não a compreende como representação ou signo: não há separação entre palavra e coisa. A palavra, ela mesma, é a coisa, constituindo-se o fenômeno de forma plena. É por isso que Heidegger (1999a; 1999b; 2008) sempre recorre à arqueologia das palavras, não para ter um sentido primitivo, mas para compreender o momento de gênese da palavra nomeadora, para então poder acompanhar o processo de reconstrução do sentido, em cada época e lugar. Bachelard (2003; 2009), por sua vez, tem na palavra a própria imagem que é, em si, um acontecer poético (fenomenológico). A força da poesia está em Heidegger na sua constituição originária palavra-coisa, enquanto em Bachelard ela está na constituição criadora no momento da poesia: palavra-imagem. Em ambos os casos, porém, a poética é possibilidade de abertura para o pensamento que tensiona a tradição, a metafísica e a modernidade.

Neste sentido, a *terceira razão* da crise que quero destacar, ou seja, que a "questão ambiental" é, antes de mais nada, uma crise existencial, já se anuncia à medida que Noguera (2004) aponta, no bojo de uma defesa do poético, a necessidade de um refundar ontológico: uma outra maneira de compreender o próprio sentido do habitar a Terra pelos homens. Este é o do cuidado do habitar autêntico tal como pensado por Heidegger (2001c).

Trata-se de uma reorientação que, no período contemporâneo, tem muitos representantes, para além do próprio ambientalismo, que se colocam como antimodernos, pelo menos no sentido de contrapor-se à racionalidade eurocêntrica. Novas epistemes e epistemologias sul, fundadas em outras espacialidades e outros marcos cosmogônicos no âmbito da descolonização do pensamento, têm tornado o debate contemporâneo muito significativo. Sejam as próprias cosmopolíticas (Lolive; Soubeyran, 2007), cujo pensamento de Stengers (2015) expressa seu potencial heurístico, os (socio)ecologismos do sul (Souza-Lima; Maciel-Lima, 2014), o pensamento ambiental latino-americano (Leff, 2001; Angel Maya; 2002; Noguera, 2004), os saberes de comunidades tradicionais, indígenas, campesinos e quilombolas (Porto-Gonçalves, 2012; Mires, 2012; Bassey, 2015) e o giro decolonial (ou descolonial) (Lander, 2000; Quijano, 2005; Cruz; Oliveira, 2017) que se colocam como contra racionalidades e alternativas para a construção de um outro discurso e prática ambiental, na América Latina e no mundo.

A crise de escala e a crise de pensamento são, no fundo, uma crise existencial do ser humano que se pergunta sobre seu destino e sua natureza. Na impossibilidade de compreensão de si mesmo, com a crise do humanismo (Giacoia Jr., 2010), o peso da ruptura ontológica homem-natureza ganha contornos de crise. Robert Bernasconi (2013), em uma reflexão sobre o racismo, reafirma a não dissociação, de um ponto de vista fenomenológico, entre natureza e cultura. O filósofo mostra como a dissociação pautada em uma naturalização da cultura ou culturalização da natureza é limitante em ambos os sentidos, apontando a tendência dominante atual das ciências humanas de recusa de qualquer sentido de hereditariedade biológica como uma negação do próprio humano e uma impossibilidade de lidar com as complexas questões que envolvem diferentes tipos de racismos atualmente.

Isso se dá, na perspectiva de Bernasconi (2013), porque tais posições são constituídas teoricamente, ignorando como tais distinções e relações ocorrem na experiência. A pergunta seria, portanto, que tipo de experiência temos, na sociedade contemporânea, das relações entre sociedade-ambiente, e como essas várias crises aparecem em nossa experiência?

Esta talvez seja a tarefa de nosso tempo.

A CASA COMO LUGAR DA ESPERA NOTURNA

No poema de Sophia de Mello Breyner Andresen, a espera se dá à noite. Nela é possível o repouso dos corpos, não apenas na cama, mas no deitar do braço sobre a mesa, na diminuição do ritmo, no ar fresco que acalma e permite o descanso. Mas esta lentidão corporal não é desatenção, nem interrupção. A atenção está concentrada, há ardência no despertar do segundo brilho.

A espera ocorre em um lugar específico: a casa. Esta, à noite, se torna o único lugar possível para o repouso, convidando à intimidade e possibilitando o silêncio. A luz que persiste em estar acesa, mantendo-nos na antessala do sono, sustenta uma vigília tranquila, que espera um acender espelhado que poderá conduzir o sonho.

A abertura que o poema me dá para pensar a questão de nosso tempo é justamente o lugar, que inaugura uma outra forma de compreender a relação sociedade-ambiente, existencialmente significada.

A casa é o lugar por excelência, cuja densidade existencial e simbólica é fundada em seu sentido de proteção e de pertencimento. A casa (no sentido de lar), expressa nossa ligação íntima com a Terra e com o cosmos. Yi-Fu Tuan (1996) mostra que a força do lar como eixo existencial está no *hearth*, o cerne da casa. Remetendo-se às fogueiras neolíticas, em torno das quais foram construídas as casas posteriormente (Rybczynski, 1986), o termo poderia ser compreendido de forma imprecisa como lareira, aludindo ao lugar da casa como símbolo de proteção, aconchego, aceitação e pertencimento.

Tuan (1996) argumenta que é deste *hearth* que emana o sentido do lar, atribuído à nossa casa e também à nossa terra natal, o que abre o lugar para o ser-com-os-outros e seu sentido de compartilhamento. Implica a ligação com o cosmos e com a Terra, mas contendo também um sentido mítico. Lares eram os deuses domésticos de outrora, e é no entorno da fogueira que ocorriam os rituais, civis e religiosos. Foi a modernidade que modificou a arquitetura das casas, fragmentando as dimensões da vida doméstica ao mesmo tempo que a vida social também se fragmentava (Rybczynski, 1986).

A casa, ainda hoje, continua como centro afetivo e de significação coletiva, familiar e existencial. É em casa que nos sentimos mais protegidos e por isso também é onde nos permitimos estar mais vulneráveis (Tuan, 1996). Mesmo com outro papel na modernidade, a casa continua sendo nosso centro de referências em termos espaciais, simbólicos e existenciais. Esta foi uma das ideias que emergiram de minha pesquisa de doutorado sobre o habitar em risco na experiência metropolitana de Campinas (Marandola Jr., 2008; 2014).

Mas a casa, em suas múltiplas dimensões, não deve ser compreendida apenas no seu sentido de constructo. Em um texto fundamental para o pensamento ambiental, "Construir, habitar, pensar", de 1951, Heidegger (2001c) associa o construir ao habitar e ao pensar por meio de duas ideias básicas: lugar e quadratura.

Lugar, para Heidegger (2001c), não é um ponto no espaço geométrico euclidiano. Ele possui o caráter de reunião, de atravessamento, sendo portanto referência de sentido para a própria existência. Em *A caminho da linguagem*, afirma: "A palavra 'lugar' significa originalmente ponta de lança. Na ponta de lança, tudo converge. No modo mais digno e extremo, o lugar é o que reúne e recolhe para si." Assim, em vez de um ponto para o qual nós convergimos, é o lugar que, em seu movimento, recolhe e preserva tudo: "Reunindo e recolhendo, o lugar desenvolve e preserva o que envolve, não como uma cápsula isolada, mas atravessando com seu brilho e sua luz tudo o que recolhe de maneira a somente assim entregá-lo à sua essência." (Heidegger, 2008, p.27).

Saramago (2008) mostra como esta concepção é fundamental na compreensão de Heidegger tanto do lugar quanto do próprio espaço, indicando sua inversão da relação tradicional entre os dois termos: não é o espaço que possibilita a existência dos lugares, como *res extensa*, mas são os lugares, como ponto de convergência, que criam os espaços.

Isso porque a ideia de lugar de Heidegger (2001c) se entrelaça com a própria essência do habitar: a quadratura Terra, céu, deuses e mortais. Esta implica que habitar, como essência do próprio ser-aí, é a maneira própria de existir do ser humano, envolvendo o demorar-se sobre a Terra, sob a proteção dos deuses entre o céu e a Terra. Heidegger (2001c, p.130) chama a relação da quadratura de simplicidade, referindo-se à condição de existência fáctica dos mortais que, ao habitar, desempenham sua tarefa de resguardo da quadratura e sua essência: "Salvando a terra, acolhendo o céu, aguardando os deuses, conduzindo os mortais, é assim que acontece propriamente um habitar".

O onde deste habitar é justamente o lugar. Mas não como a ocupação de um espaço vazio (Saramago, 2012), mas como o acontecer do lugar que, a partir deste habitar, dá existência a ele e aos espaços. O lugar, portanto, configura-se a partir da circunstancialidade própria desta quadratura, a qual dá sentido ao próprio lugar por meio do habitar (Marandola Jr., 2012).

É fundamental, neste sentido, a ideia de situacionalidade (*situatedness*), a qual prefiro pensar em termos de ser-em-situação ou ser-situado. Estes se referem à condição própria na filosofia de Heidegger desde *Ser e tempo*, ligado à ideia de acontecimento, como mostra Jeff Malpas (2008), referindo-se à mudança que Heidegger (2012a) opera na relação sujeito-objeto, substituindo por *Dasein*-ente-mundo. Repensando a ideia de mundo relacionado ao ser-aí, Heidegger promove um deslocamento ontológico na forma de compreender a própria relação existenciária do homem: mundo, entendido como tudo aquilo que se abre para a existência, e ser-aí (*Dasein*), como o modo próprio de existir humano, como abertura para este mundo, confluem na formulação ser-no-mundo (ou ainda, ser-e-estar-no-mundo), que se refere à indissociabilidade homem-mundo, concebida de forma radicalmente distinta de como era apresentado por toda a tradição ocidental.

Para Malpas (2008), a condição de ser-em-situação, portanto, já está presente em toda a filosofia de Heidegger, recebendo, após a viragem topológica de seu pensamento nos anos 1940, contornos mais maduros especialmente pelas questões referentes à poética, à linguagem e à circunstancialidade expressas pelo habitar a quadratura.

O que está em jogo aqui é uma compreensão da relação homem-natureza e sociedade-ambiente que ultrapassa o dualismo moderno e a separação radical entre os dois, concebendo, em sentido existencial, o acontecer simultâneo e indissociável, tal como aparece na experiência. Isso implica a compreensão da circunstancialidade e de nossa condição de seres-em-situação como chave para a compreensão de nossa própria possibilidade de compreensão do mundo e de nossa relação com tudo que somos e que nos cerca.

Outros filósofos fenomenólogos também chegaram a conclusões semelhantes, por outros caminhos. Husserl (1995), por exemplo, no ensaio *A terra não se move*, mostra como do ponto de vista da experiência o planeta não se move, pois a Terra aparece em nossa experiência como solo originário, como suporte à vida e aos corpos e como um só corpo no conjunto do cosmos. É a partir desta descrição fenomenológica da experiência terrestre que Husserl argumenta que a Terra, portanto, é nosso centro de sentidos, o centro do nosso próprio mundo.

Merleau-Ponty também faz formulações sobre o sentido de natureza em nossa experiência fenomenológica, estabelecendo a indissociabilidade entre corpo e mundo, tema explorado em seu longo curso sobre *A natureza*, no qual debateu várias concepções de natureza, culminando na relação natureza-corpo-mundo (Merleau-Ponty, 2006). No entanto, é em *O visível e o invisível*, quando a formulação de sua ontologia do sensível encontra-se mais radicalmente colocada, que o autor leva às últimas consequências aquelas ideias. Nele, Merleau-Ponty (2007) afirma que corpo e mundo vêm à existência de forma simultânea, não havendo corpo (ou o ser) sem mundo, nem mundo sem ser. Assim, se podemos afirmar que eu sou o mundo, por conta de tal indissociabilidade, o filósofo assevera que o mesmo também é verdadeiro: o mundo sou eu.

Esta correlação de coexistência corpo-mundo está pautada na ideia de corpo-carne e no sentir como conhecimento, que constitui esta nova ontologia, questionando a separação moderna e redefinindo a relação natureza-cultura ou, em termos mais próximos do autor, percepção-mundo. Para ele, assim como para os fenomenólogos em geral, a natureza não está no ambiente ou na sociedade: natureza é constituinte de ambos e, mesmo com a mediação da técnica, não é eliminada ou totalmente dominada.

O desdobramento desta compreensão para o cotidiano mundano se relaciona diretamente com a ideia de lugar, na contramão da cisão entre pessoas e lugares. Por isso podemos falar, com Merleau-Ponty, "corpo-lugar" que busca marcar na linguagem justamente a dobra promovida pela carne entre Ser e mundo (De Paula, 2017). É para o sentido encarnado da experiência, em sua indissociabilidade existenciária, histórica e social que somos (Furlan, 2015), poeticamente, corpos-lugares (Brito, 2017).

Isso fica mais claro na formulação de Heidegger sobre o tema, realizada especialmente na *Origem da obra de arte*, texto de 1952. Nele,

Heidegger (2012c), buscando compreender a arte como teoria da verdade, fundamenta o obrar a obra como um desvelamento. A origem desta verdade da obra de arte está, para o autor, na capacidade de o artista – na composição da obra – deixar aparecer aquilo que se revela no embate Terra-mundo. Terra é entendida por Heidegger como *physis*, ou seja, como fundo escuro, como origem (no sentido de fundamento). Já o mundo se refere ao estar-junto, à abertura do existir, como possibilidade, do humano: "O mundo é abertura que se abre das longas vias das decisões simples e essenciais do destino de um povo histórico. A Terra é o surgir diante, não impelido para nada, daquilo que constantemente se encerra, e que, assim, põe a coberto." (Heidegger, 2012c, p.47).

Heidegger (2012c, p.47) fundamenta o embate Terra-mundo em sua indissociabilidade ("O mundo funda-se na Terra e a Terra irrompe pelo mundo"), revelando a um só tempo a maneira própria de nossa relação existencial e histórica. Terra, como fundamento, não é inerte ou objeto ocupado pelo mundo. Mundo, como horizonte e abertura do existir humano, se funda na Terra, mas não a domina. É pelo mundo que a Terra irrompe, ou seja, aparece, se dá a conhecer, projeta-se. E é na Terra que o mundo se funda, no sentido de origem como fundamento, como possibilidade e abertura. Ser-no-mundo, portanto, como nossa forma de habitar a Terra, se dá na abertura que este embate contínuo provoca, fundamentando a própria circunstancialidade da quadratura (Dal Gallo; Marandola Jr., 2016; Marandola Jr., 2012).

Assim, podemos dizer que "pessoas são seus lugares; lugares são suas pessoas" (Marandola Jr., 2017, p.35). Casey (2001) havia formulado esta ideia tendo como referência as relações de afetação que marcam nossos corpos, em diálogo com a psicanálise e a fenomenologia (memória e experiência). Sua formulação se direciona ao *self* e ao seu sentido propriamente espacializado pelo lugar.

Afirmar que somos nossos lugares é reconhecer, portanto, esta corporificação não como acontecimento individual, mas justamente na dobra que é a carne enquanto articulação Terra e mundo. Fruto do embate, o corpo é Terra (Noguera; Pineda, 2014; De Paula, 2015) e significado a partir do lugar – como ponta de lança, não como localização geométrica: aquele que atravessa e reúne. Movimento e pulsão, portanto: um verdadeiro emergir que outorga espaços.

O sentido de Terra tem movimentado o pensamento contemporâneo, sendo fundamental também para o pensamento ambiental. Retoma, como em Heidegger, os pré-socráticos, mas remete diretamente à tradição de Spinoza e Nietzsche de recolocação da importância dos sentidos, dos afetos e da própria corporeidade, em um embate claro com o intelectualismo kantiano e neokantiano ou com o próprio racionalismo da ciência moderna. Dar vigor à Terra é uma das maneiras de dar vazão a esta contraposição (Davim, 2017; 2019), a partir da indissociabilidade ontológica da Terra que somos.

A geograficidade dardeliana ganha um sentido situado por excelência, seja pelo lugar seja pela paisagem. Ambos estão amalgamados como horizonte de sentido e forma de ser-e-estar-no-mundo. Expressam a proximidade e a abertura que permitem não apenas o autorreconhecimento e nosso centramento, como seres-no-mundo, mas também os encontros, o estar-junto de forma situada, como seres-em-situação. Este mundo e esta situação não estão pautados por uma divisão ontológica anterior entre natureza e cultura ou sociedade e ambiente: como componentes da quadratura, recebem seu sentido a partir de nosso modo de habitar enquanto mortais. Habitar que se funda e se corporifica nos lugares e nas paisagens, ao mesmo tempo que se abre a partir deles, como possibilidade.

O SILÊNCIO

A NOITE E A CASA

A noite reúne a casa e o seu silêncio
Desde o alicerce desde o fundamento
Até à flor imóvel
Apenas se ouve bater o relógio do tempo
A noite reúne a casa a seu destino
Nada agora se dispersa se divide
Tudo está como o cipreste atento
O vazio caminha em seus espaços vivos

Sophia de Mello Breyner Andresen, 2014

Sophia de Mello Breyner Andresen, em outro poema da mesma seção, "A noite e a casa", oferece outros elementos para tecer com o último dos quatro pontos que anunciei no início: o silêncio.

No poema em epígrafe, a noite reúne casa e silêncio, desde o alicerce e o fundamento. Mais do que isso: "a noite reúne a casa a seu destino", permitindo que agora nada mais se divida ou se disperse: "o vazio caminha em seus espaços vivos".

Penso que este poema dê mais força ao sentido de silêncio que se desvelou no poema "Espera": não é um silêncio de omissão ou de fuga. Não se trata de descompromisso ou de esquiva. É um silêncio que reúne, que funde, que evita a separação, que põe junto casa e seu destino.

Se desejamos um pensamento noturno, como vimos, temos vários desafios à frente: a necessidade de pensar na proximidade, assumindo a tarefa de nosso tempo, compreender o conhecimento de forma existencial, caminhando pela floresta noite adentro, além da exigência de que este pensamento seja circunstancial, ou seja, constituído na quadratura, de forma situada. Por fim, implica também adotar o silêncio como a tarefa da espera, da serenidade, da escuta, orientada para a não divisão, ou seja, para a compreensão dos fenômenos em sua plena manifestação.

Estas lições, antevistas nos versos de Andresen, reforçam o desejo cultivado ao longo de anos como investigador de perspectivas ambientais e de estudos humanistas. A aparente dualidade de minhas linhas de pesquisa se coadunam a partir da compreensão fenomenológica de ambiente e de sociedade, expressa pela experiência corpórea dos seres-no-mundo. Estes, como seres-em-situação, precisam ser compreendidos também a partir de seus silêncios e da poética que emana e ao mesmo tempo funda sua circunstancialidade.

Para um pensamento ambiental contemporâneo, que se coloca a tarefa de nosso tempo, portanto, a perspectiva experiencial do lugar é potencialmente reveladora. Na proximidade, permite que as experiências concretamente vividas façam emergir os desafios e as facetas daquilo que a intrusão de Gaia está realizando.

Por outro lado, a poética, como forma de enfrentamento do desafio da linguagem, ajuda a romper a clivagem entre ciência e realidade vivida dos seres-no-mundo. Trazer as experiências vividas para o pensamento enquanto experiências que são, portanto, é necessário para tentar evitar a perda da circunstancialidade da experiência pela parametrização da linguagem. A poética, como abertura e criação, tem potencial político ímpar neste sentido.

A preocupação com a escrita diz respeito à necessidade de, na busca por um pensamento noturno, que a escrita também o seja. Dito de outra maneira, como buscar um pensamento fenomenológico, que se coloca a caminho, sem que a escrita também o seja?

O desafio da linguagem foi identificado e enfrentado de diferentes maneiras. Seja pela negação da linguagem impessoal e pela adoção da situação do pesquisador no próprio texto (com o uso de pronomes em primeira pessoa, por exemplo), seja pela incorporação de elementos contextuais para além da objetividade das cadeias causais ou, de forma mais radical, por modificação na própria sintaxe e no universo narrativo. Os aforismos nietzschianos, o chamado segundo L. Wittgenstein e sua linguagem comum, as narrativas de M. Serres ou o forjar de conceitos de G. Deleuze e F. Guattari são alguns dos exemplos dos esforços de enfrentamento do desafio da linguagem feitos ao longo da segunda metade do século XX.

Para a fenomenologia, há necessidade de promover uma escrita que seja, ela também, fenomenológica e que permita ao leitor a própria experiência do desvelamento (Marandola Jr., 2016a; 2016b). Isso implica conceber a escrita como uma artesania, uma composição que considere a forma como constituinte do sentido. Não um sentido pré-determinado, mas a leitura como experiência que permita, no ato da leitura, a manifestação do fenômeno (Dal Gallo, 2015; Bernal, 2015; Galvão, 2016; De Paula, 2017; Silveira, 2018; Moreira Neto, 2018).

Estamos na direção da linguagem como casa do ser, o que implica assumir um tom vocativo e evocativo na escrita (Van Manen, 2014). Estamos no campo do poético como criação, e por isso não é de se admirar que tanto Heidegger quanto Merleau-Ponty buscaram a arte para expressão e para desvelamento.

A arte, como vimos em Heidegger, é um verdadeiro acontecimento: o irromper a Terra no mundo. Trata-se do acontecer da verdade, enquanto criação. Benedito Nunes, a propósito desta discussão heideggeriana, aponta para a articulação entre o texto *A origem da obra de arte* e *O tempo da imagem do mundo*, ambos componentes dos "Caminhos de floresta" (Heidegger, 2012b; 2012d). Segundo Nunes (1999), Heidegger desloca o fazer artístico e o artista da estética, no momento em que aponta para a objetivação da estética e sua dimensão metafísica, comprometida com a entificação. O esforço do filósofo, portanto, estaria em reconhecer e dar vigor ao caráter poiético da obra de arte, apontando para uma outra relação com a obra de arte que a salvaguardasse da estetização.

Devemos reconhecer neste movimento heideggeriano, portanto, o esforço de situar o obrar da obra de arte como acontecimento que tem lugar na quadratura. Acontecimento que emerge e faz emergir: funda lugares e outorga espaços. A temporalidade deste acontecer é a do instante: da subitaneidade, cuja historicidade é intuída e sentida a partir do reverberar da obra, enquanto obrar.

Heidegger, leitor atento de Hölderlin, via na poesia a manifestação desta arte e poética (Heidegger, 2004). Merleau-Ponty (2004), por seu turno, explorou as vertigens de pintores, com destaque para Cézanne. Ambas as escolhas remetem a uma preocupação com a história do ser, sua manifestação e sua construção no tempo: uma temporalidade que precisava ser apropriada em seu significado ontológico e cultural.

No meu caso, para enfrentar a questão do nosso tempo, recorrerei a uma outra maneira de criação poética que, do meu ponto de vista, nos permite obrar as experiências cotidianas e o tempo presente: a *crônica*. A crônica nasceu como gênero jornalístico, ligada aos fatos do dia: crônica esportiva, por exemplo (Sá, 1997). Expressa não apenas o factual, mas também uma análise, um posicionamento crítico e também uma visão particular do assunto ou acontecimento. Outra origem é a crônica histórica: compilar, sistematizar os fatos mais importantes, traçando uma cronologia (Neves, 1995).

Aqui já fica clara a dimensão temporal da crônica: o tempo da história, objetivo e factual, ao mesmo tempo que recebe a dimensão do passageiro e do imediato com o jornal, embora mantenha este lastro: a crônica esportiva é também o conjunto das crônicas e cronistas que desenham uma história.

No entanto, isso tudo vale para a crônica como gênero que se manifesta em vários lugares. No Brasil, ela se transforma, o que a torna um gênero profundamente brasileiro (Candido, 1992), expressão deste ser-aí histórico. Na carência de meios para os escritores sobreviverem, os jornais eram um dos destinos correntes. São exemplos conhecidos Machado de Assis, João do Rio, Lima Barreto, Cecília Meireles, Rubem Braga,

Clarice Lispector, Carlos Drummond de Andrade, Paulo Mendes Campos, entre tantos outros. No espaço limitado do jornal, regido pelo tempo da máquina da próxima edição, estes autores tomaram o ordinário e o factual em uma abertura sensível para o mundo. Pequenas doses de poética, encantamento, crítica, humor, reflexão e muita sensibilidade.

Sem o labor e o acabamento do romance, muito mais intuitivo na proximidade com os eventos (Candido, 1992), a crônica brasileira não é da história cronológica, do tempo maquínico-factual, mas do instante – aquele de Bergson (2006) e de Bachelard (2007) –, do tempo presentificado na experiência.

A crônica continua a estar ligada a fatos, ao próximo e ao imediato, mas a teia que ela tece não é a da objetividade, pois é sobretudo criação literária – potente como abertura para o desvelamento dos fenômenos. Assim, a crônica permite operar o poético e criar a abertura como acontecimento na proximidade "ao rés do chão" (Candido, 1992), dando força ao *instante* e ao *inacabamento*: essências de nossa experiência contemporânea, que reverberam diretamente nosso esforço epistemológico e existencial.

O inacabamento é o sentido de incompletude que convida o leitor a traçar, ele mesmo, seu caminho de compreensão, participando da construção de sentidos. Junto do instante ele se volta para uma escrita que permite o desvelar, não uma escrita afirmativa e fechada. Temporalidade e geograficidade em devir, como acontecimento circunstancializado.

Mas se a escrita, como constituinte do método, será em forma de crônica, o desafio da linguagem não se satisfaz aí. É necessário o esforço de nomeação, o qual implica sua própria manifestação no mundo (Heidegger, 2008). Nomear não é dar sentido, mas se refere, sobretudo, à manifestação. E este se refere à maneira como nomeamos a questão de nosso tempo, aquilo que merece ser pensado. Uma tarefa hermenêutica fenomenológica, portanto.

Até aqui, segui denominando-a como "questão ambiental", utilizando aspas, para marcar que esta é a forma como é introduzida na ciência, na política e no movimento ambientalista, como uma questão que surge com o desenvolvimento (Porto-Gonçalves, 1989; 2010; Foladori, 2001). Agora é necessário nomeá-la de outra forma, já que foi repensada e adquiriu outro caráter.

No contexto deste escrito, vou nomear provisoriamente a "questão ambiental" como *vulnerabilização do ser-em-situação*. Por dois motivos.

O primeiro se refere à importância que a discussão sobre vulnerabilidade recebeu nos últimos anos como um dos grandes temas ambientais, sobretudo pela potência retórica que ela tem em abarcar múltiplas dimensões, desde um conceito pensado como estritamente físico, passando pelas construções sociais (conservadoras ou progressistas) e pelos aspectos psicológicos e existenciais, até a operacionalização das políticas públicas. Assim, ela tem mobilizado esforços de todas as ciências e setores da gestão pública, manifestando, por esta plasticidade e penetração, um potencial heurístico fundamental para articular o cerne de nossa tarefa.

No entanto, se for mantida simplesmente como "vulnerabilidade", ela estará refém de todas essas construções semânticas que promovem a fragmentação de seu sentido, e não a confluência que poderia produzir seu adensamento.

É por isso que a converto em ação e acrescento a ela a expressão "seres-em-situação", marcando ao mesmo tempo sua incompletude e movência e a compreensão de ambiente e da tarefa de nosso tempo. Com esta expressão desejo reunir a preocupação existencial, dando centralidade à perspectiva experiencial, ao mesmo tempo que reconheço sua essência ligada a um ser-com sempre situado, ou seja, ao mesmo tempo habitando a quadratura (entre o céu e a Terra, vivendo com os mortais e aguardando os deuses) e vivendo um mundo que está em constante embate com a Terra.

Essa expressão, portanto, comporta uma dimensão espiritual-mística ao lado da realidade mortal-terrena e uma dada compreensão topológica da relação sociedade-ambiente, o que me permite centrar a reflexão nas experiências de lugares que são a manifestação, na proximidade, da vulnerabilização dos seres-em-situação.

Assim, a sequência apresenta meu esforço de colocar em movimento tal intento, partindo sempre de experiências em lugares específicos, em forma de crônicas, buscando seu significado circunstancial e o que revelam em termos da tarefa de nosso tempo.

Seria esta uma escrita noturna? A dúvida ainda me faz hesitar. Talvez esteja caminhando no lusco-fusco, naquela hora final do dia quando o sol já se foi e a noite ainda não se impôs totalmente. Talvez seja difícil enxergar alguns caminhos, embora as sombras também não possam ser mais vistas. No entanto, se é verdade que há aqui o desejo de abrir clareiras de desvelamento, como nos aponta Heidegger (1991), este não pode ser visto como um movimento diurno, simplesmente: o sentido da espera, o silêncio e a perspectiva da quadratura nos dão bons motivos para reconhecer nesta atitude respostas diferentes para o pensamento moderno.

Por outro lado, noturno e diurno não podem ser compreendidos de forma antagônica: são manifestações do mesmo fenômeno. Mesmo em Bachelard, de quem peguei emprestado esta distinção, diurno e noturno não são autoexcludentes: antes, são fruto de um movimento articulado que põe junto, não separa. Negar o dia é assumir a impossibilidade da noite. Em Heidegger (2012c), cujo movimento de desvelar e o postar-se junto à clareira envolve desencobrir para, em seguida, voltar ao encobrimento, igualmente luz e sombra constituem o desvelar da verdade, seja na história do Ser, seja no embate Terra (fundo escuro) e mundo (horizonte).

Assim, mesmo que escritos em uma vigília-sonhadora do lusco-fusco, espero que os textos que seguirão, como crônicas que circunscrevem cinco situações, permitam a reunião em sua casa, durante uma noite de espera pelo segundo brilho, até que venha o silêncio sereno.

CAPÍTULO 2

Se o chão treme

A primeira vez que visitei a Cordilheira dos Andes não estava apenas conhecendo uma das maiores cadeias montanhosas do mundo. Estava pela primeira vez em uma região com intensa atividade sísmica e vulcânica, o que é uma experiência excitante para um geógrafo nascido e criado no centro da imensa Placa Sul-americana, a muitos quilômetros de qualquer atividade sísmica de impacto.

Mesmo sem ignorar os riscos de um terremoto de grande magnitude, havia em mim um forte desejo de experienciar um tremor. Sentir o solo movendo-se abaixo de você, transmitindo suas ondas vibrantes por todo seu corpo provavelmente não seria uma experiência confortável, mas sem dúvida sentia intensamente minha libido geográfica ao imaginar tal possibilidade.

Não sou o único. Um casal de amigos, uma geógrafa e um arquiteto-urbanista, uma vez me contou sobre uma experiência sísmica no Chile. Enquanto a geógrafa vibrava com a primeira sensação de tremor de grande magnitude a lhe percorrer o corpo, o marido experimentava a terrível sensação de uma das certezas ontológicas humanas, a solidez da terra (e da Terra) sob nossos pés, posta em movimento. Passado o tremor, o marido tentava se recuperar enquanto ouvia a esposa gritando no outro cômodo do quarto do hotel: "Réplica! Réplica!" O atendimento do pedido veio acompanhado de urros de felicidade dela e calafrios dele.

Sempre pensei que a sensação da terra tremendo sob nossos pés fosse uma das mais desconfortáveis para se experienciar. O chão, ou o limite do solo, sobre o qual estamos sustentados, não apenas essencialmente, mas em uma condição corpórea tácita que aprendemos duramente ao longo de nossa vida, desde o berço (com nossas quedas, tombos e ralados), apresenta-se como uma certeza ontológica primeira em nossa existência. Uma ligação tão íntima que Éric Dardel a chama de cumplicidade, como um elo essencial homem-Terra: geograficidade (Dardel, 2011), fundada, ela mesma, no embate Terra-mundo (Dal Gallo, 2015).

Se o solo é o limite (toda queda se finda nele), é apoiando-se nele que nos erguemos. Deitado no chão, você levanta seu tronco, sustentando os braços no chão, depois soergue o corpo dobrando uma das pernas para cima, ao mesmo tempo que dobra a outra para baixo, apoiando um joelho no solo e projetando o outro na direção diametralmente oposta, acima. Agora as duas mãos estão no solo e com o impulso simultâneo das mãos e das pernas você se coloca ereto. Sobre o solo, perpendicularmente.

As solas dos pés junto ao chão, diminuindo assim a zona de contato direto com a Terra, não atenuam nossa sensação de sustentação e segurança. É verdade que em momentos de ameaça de desequilíbrio, buscamos aumentar esta zona, sentando-nos ou às vezes até nos arrastando no chão, em busca da proteção contra a queda. Agarramo-nos ao solo, tentando ao máximo evitar sermos jogados para fora dele: cairmos.

Esta é uma das boas razões pela qual muitas pessoas detestam viajar de avião ou em qualquer aparelho que lhes prive deste contato direto e sólido com o solo. Por estas e tantas outras que um tremor neste solo, neste chão que nos sustenta, pode ser uma experiência tão aterradora.

Não é de admirar que muitos povos consideram o terremoto a ira dos deuses, pois é a própria sustentação da vida, a parte mais próxima e basal da tessitura do universo que está sendo colocada em questão, provocando o desmoronar material da realidade.

A ciência moderna tratou de secularizar este tipo de compreensão da dinâmica da natureza. Ela nos explica como as placas tectônicas estão em movimento, chocando-se, afastando-se ou em subducção (convergentes, divergentes ou conservativos). A ciência geológica nos mostra gráficos de propagação de ondas que são captadas por aparelhos chamados sismógrafos e, pelo estudo da propagação das ondas, identifica as camadas de rocha, suas composições, densidades e durezas, indicando como as entranhas da terra são feitas, mas mostrando também como tremores que se manifestam em um ponto da superfície terrestre têm sua origem em pontos muito distantes (hipocentro e epicentro).

Tudo isso, no entanto, é irrelevante na experiência do tremor. Este livro foi escrito durante um verão muito propício a tais reflexões, na cidade de Londrina, norte do Paraná, lugar onde nasci, cresci e me tornei geógrafo. Refugiado para refletir sobre minha trajetória acadêmica, que me conduz à escrita deste livro, tive uma ambiência muito instigante para refletir sobre tais fenômenos, pois, desde dezembro de 2015 e ao longo de janeiro de 2016, um dos assuntos mais palpitantes na cidade eram os frequentes tremores que foram acompanhados de estrondos ouvidos pela população, causando pânico e evacuações de prédios públicos. Os tremores geraram muita tensão, incerteza e discussão entre população, governo e universidade.

As constantes reclamações da população chamaram a atenção menos pelos trincos no chão e nas paredes das casas, e mais pela associação dos tremores e danos com a construção de uma adutora, feita pela Companhia de Saneamento do Paraná (Sanepar) na região dos bairros onde se registraram tais eventos (Jardim Califórnia e Jardim São Fernando, na região do aeroporto).

Os terremotos são considerados perigos naturais (*natural hazards*), ou seja, eventos da dinâmica da natureza que provocam, na interface com a sociedade, danos e riscos (Burton; Kates; White, 1978). Nesta maneira de compreender tais eventos, eles expressam uma ruptura em uma continuidade (Monteiro, 1991), sendo a continuidade uma normalidade de estado que é abruptamente interrompida por eventos considerados excepcionais (fora da média) e de grande impacto e magnitude (Wisner et al., 2004; Veyret, 2007).

Mas este contexto não tinha relação direta com o que estava acontecendo. Londrina, no centro da Placa Sul-americana, não possui atividade sísmica de impacto. É sabido que as camadas do solo estão em constante movimento, seja na escala das placas tectônicas seja na escala das camadas do solo. Um sismógrafo poderá registrar, de forma constante, pequenos tremores em quase qualquer lugar do mundo. Este ritmo faz parte da própria dinâmica biofísica, assim como dos próprios terremotos.

A diferença básica está na escala e nos danos causados. Mas a situação em Londrina apresentou mais do que simplesmente um conflito clássico entre risco e cultura (Douglas; Wildavsky, 1982). Ela expressa também o papel do conflito discursivo que os riscos instauram entre conhecimento científico, política e a experiência (percepção e vivência).

Em primeiro lugar, vamos examinar a sequência dos eventos que levaram à tomada de posição tanto de figuras científicas quanto de autoridades. Em meados de dezembro de 2015, moradores da região começaram a relatar estrondos acompanhados de tremores. Assustados, divulgaram em redes sociais e na mídia local fotos e vídeos de rachaduras e trincas em paredes, pisos e até atravessando o asfalto da rua de uma casa a outra. A ausência de registros históricos de terremotos e as obras em uma adutora da Sanepar nas imediações levaram os moradores, em busca de uma explicação, a atribuir a responsabilidade à companhia de saneamento.

O Departamento de Geociências (DGEO) da Universidade Estadual de Londrina (UEL), no qual atuam muitos geólogos, foi procurado pela prefeitura municipal para ajudar a esclarecer o fato, especialmente porque crescia a defesa de uma origem antrópica, no caso, a atuação da Sanepar na região. A expectativa desta responsabilização parecia dupla: encontrar alguém que pudesse arcar com os prejuízos, mas também identificar uma causa controlável para os tremores, afinal a situação de pânico e insegurança entre os moradores estava misturada com a revolta por conta do possível culpado identificado.

No DGEO, duas posições distintas se manifestaram: a de tranquilizar a população, esclarecendo o funcionamento dos terremotos, suas raízes causais e possibilidades de ocorrência naqueles casos, e a busca por dados atualizados que permitissem monitorar o processo e assim poder indicar de forma clara as causas dos estrondos e tremores.

(Um breve parênteses: teria ocorrido a alguém dormir ou permanecer no bairro por muitas horas até poder compartilhar a experiência dos moradores e assim ter seu ponto de vista para avaliar a situação? Faria alguma diferença?)

Representantes do primeiro grupo fizeram reunião com os moradores, dando palestras na associação do bairro, enquanto o segundo grupo contatou o Centro de Sismologia da Universidade de São Paulo (USP), buscando o apoio dos especialistas para instalar sismógrafos na região e registrar os eventos. Os registros de sua magnitude na escala Richter permitem, associados ao conhecimento da geologia local (as camadas muitas centenas de metros abaixo do solo), inferir a profundidade e a provável causa dos tremores.

O primeiro grupo afirmava ser pouco provável que a origem fosse natural, podendo estar associada ao aterro sanitário, cujos gases poderiam estar acumulados e causar pequenas explosões que teriam gerado as ondas sísmicas, ou à detonação de rocha para construção de algum fundamento de obra ainda não identificada. Entre os principais pontos levantados para o questionamento sobre o fato de o tremor ser induzido ou não estavam: a ausência de relatos da reverberação em edifícios altos, o estampido (estrondo) que antecedia os tremores e a concentração, muito localizada, dos relatos.[1]

Já o segundo grupo tinha como hipótese de trabalho a origem relacionada a processos naturais de acomodação do solo, em camadas inferiores, o que faz parte da dinâmica geológica de qualquer região. Tais processos incluíam fissuras e fraturas locais na matriz geológica, a basáltica, o caso do local.

Enquanto isso, as casas trincavam e especulavam-se hipóteses de manipulação de informação por algum interesse escondido: da Sanepar, da prefeitura ou de algum ente não revelado. O verão começava quente em Londrina.

Consultado, o Centro de Sismologia da USP relatou ter encontrado em seus registros oito eventos entre 14 de dezembro de 2015 e 1 de janeiro de 2016, entre 1,8 e 1,9 de magnitude. Diante da evidência da ocorrência, foram instalados quatro sismógrafos em Londrina que monitoraram a região afetada a partir do dia 6 de janeiro. Apenas seis dias depois já haviam sido registrados sete eventos, todos com epicentros muito próximos e com hipocentros a cerca de 250 metros de profundidade, já nas camadas sólidas da rocha basáltica que cobre todo o norte do Paraná.

1 Ver <https://www.youtube.com/watch?v=JmJdqO1Zfh4&feature=youtu.be>.

Entre as conclusões do relatório divulgado (Centro de Sismologia, 2016), está a afirmação de que os tremores têm origem natural, que as explosões se referem às altas pressões às quais as camadas estão submetidas. O relatório indica também a imprevisibilidade dos tremores, assim como a impossibilidade de previsão se eles iriam ou não continuar.

Até o início de fevereiro ainda houve eventos. No dia 21 de janeiro, por exemplo, o Fórum da cidade foi evacuado após tremores sentidos por todo o prédio. Após vistoria de sua estrutura, as atividades foram retomadas no dia seguinte. Foi confirmado um tremor de 1,8 de magnitude. Foram registrados outros epicentros a partir daquele núcleo no Jardim Califórnia, mas todos na mesma região.

Resolvida, portanto, a questão? Não necessariamente. As conclusões eram preliminares e o relatório ressaltou que, para ter certeza, seriam necessários mais estudos. De outro lado, persistiram uma série de questões que não foram enfrentadas nem estiveram no radar de preocupações dos geólogos: qual o significado do tremor? Qual a diferença efetiva da rachadura ser causada por eventos naturais ou por eventos antropogênicos? Qual foi (ou não) o papel do poder público neste processo?

Temos portanto três problemáticas para examinar: o conflito e o papel do conhecimento técnico-científico; a dimensão política da atuação, na relação empresa-governo-ciência; a perspectiva experiencial da população afetada.

Sobre a primeira problemática, o primeiro grupo do DGEO/UEL foi praticamente silenciado a partir da chegada dos sismógrafos e dos especialistas da USP. Embora tenha tido possibilidade de defender sua tese de que os tremores seriam induzidos, a contenda científica pareceu reduzida à espera do julgamento pelas métricas. A confiança de que aqueles estudos trariam a resposta ao que estava ocorrendo era palpável, apesar do tom assumidamente ambivalente do relatório: conclui e mostra os dados assumindo a imprevisibilidade dos eventos registrados e o caráter indiciário de suas conclusões.

A ênfase da discussão, a partir da chegada da equipe técnica da USP, mudou de foco: da constatação dos efeitos e dos relatos dos afetados para os resultados dos estudos baseados no conhecimento técnico e nos dados coletados. As conclusões passaram a pautar a imprensa, apagando a dimensão dos afetados.

A ciência, no entanto, parece ter cumprido seu dever. Chamada à ação, investigou e determinou com base em seus métodos a verdadeira causa do evento. Fim de discussão.

Em um tempo no qual a política, a ciência e o mercado mantêm relações diversas e, não raro, conflitantes (Stengers, 2015), esta conclusão está longe de ser o desfecho deste caso. No dia seguinte ao fechamento do Fórum, moradores fecharam ruas e fizeram protestos exigindo um posicionamento da prefeitura. Mais de duas dezenas de imóveis foram interditados pela Defesa Civil. O problema não se limitou à cidade de Londrina: outras cidades da região também registraram tremores, como Arapongas, que registrou mais de setecentas casas afetadas com rachaduras ou trincas.

A resposta, é evidente, não veio. Que resposta se pode dar a um tremer da Terra, que se considera algo completamente apartado do mundo, enquanto natureza, e portanto não pode ser controlado, previsto nem responsabilizado?

Na Antiguidade, as calamidades e as catástrofes eram consideradas sempre acontecimentos naturais. Diante da impotência em prever ou evitá-las, cabia ao governante, como no antigo Egito ou no império Inca, por exemplo, garantir que a ira dos deuses ficasse sob controle, o que era feito com oferendas e sacrifícios (Tuan, 2005). O que nos resta diante desta manifestação da intrusão de Gaia?

Há duas questões ignoradas no processo: o que está em jogo, para os moradores, é sua segurança existencial no sentido mais íntimo, tanto ligada à casa, como lar, quanto à Terra, como solo originário; a resposta científica da origem natural não resolve esta vulnerabilidade, antes a acentua, pois desloca da política a possibilidade de ação.

Trata-se de mais do que a fina camada da troposfera que se apresenta como casca: é na realidade a zona de contato imediata que temos com a Terra, como planeta, mas também como condição de existência (Dardel, 2011). A Terra como morada é na realidade onde está fundado nosso mundo, como vimos em Heidegger (2012c), constituindo-se, portanto, como fundamento da própria existência. Perdê-la pode nos causar algo de extremo desconforto, no nível do insuportável.

Uma vez mais a situação foi tratada como uma "questão ambiental", e não como a vulnerabilização dos seres-em-situação. O resultado não é o enfrentamento do problema. Chamada a intervir, a ciência fez o que está prescrito em seu ofício, respondendo às suas próprias questões. A questão que se apresentou não foi enfrentada na forma como emergiu, mas o foi a partir da perspectiva de cada setor de responsabilidade, seja da ciência seja do poder público.

O tremor, como experiência que não compõe aquela circunstancialidade, tem um profundo impacto potencial na própria constituição do lugar. Em que medida esta experiência, vivida por algumas semanas, afetou o lugar?

A dimensão do habitar se a Terra treme continua aberta: quem pode descrevê-la enquanto forma de vulnerabilização e apresentar seus significados?

CAPÍTULO 3

Se a chuva leva tudo

Limeira, na Depressão Periférica Paulista, é uma cidade com pouca chuva, sendo muito raros dias seguidos de chuva, sem sol. O período mais seco se inicia em abril, estendendo-se até o verão, que tem chuvas esparsas, mas não suficientes para molhar o solo ou deixar o ar mais úmido. No inverno, de junho a agosto, o ar fica especialmente seco, concentrando aerossóis de poluição, poeira e a persistente fuligem da queimada de cana-de-açúcar, o que costuma gerar alguns dias com alertas da Defesa Civil por conta da baixa umidade do ar (especialmente quando fica abaixo de 20%).

Esta é a descrição do tempo e do clima de Limeira que faria se não tivesse vivido o verão de 2015-2016. É impressionante como a percepção do tempo habitual necessita de vivência situada para experienciarmos a variabilidade climática (Sartori, 2014), ou seja, a variação das condições climáticas habituais de um clima. Passei a vir a Limeira regularmente no final de 2011 e me mudei para cá em meados de 2013, justamente no período em que o tempo que descrevi era percebido como habitual. No entanto, o período vivido corresponde a um período de predomínio de um tempo mais seco e com poucas chuvas que se prolongaram por alguns anos.

Assim, até este ano, meus verões não correspondiam à ideia de um verão tropical: quente e úmido. A ausência prolongada de períodos chuvosos tornaram-nos pouco habituais. Algo semelhante acontecia com Londrina, minha cidade natal que costumo visitar nos verões. A ideia de ir a Londrina estava cada vez mais consolidada em minha memória como uma experiência de calor seco, de mormaço sufocante e de ausência de chuvas que, na minha infância, sempre causaram queda abrupta de temperatura, especialmente nas noites de verão.

Quando pensamos na dinâmica do clima, não há nada de propriamente anormal nisso. A variabilidade climática é componente básico do próprio ritmo climático, apresentando variações não apenas entre as estações, mas também em ciclos maiores de tempo, as sucessões habituais (Sant'Anna Neto, 2003; 2013), interferindo em várias escalas espaciais e temporais (Sant'Anna Neto; Zavatini, 2000; Mendonça, 2010).

Mas tudo foi absolutamente distinto naquele verão. Tive um primeiro indício disso quando viajei, em dezembro, para Foz do Iguaçu. Fui por Curitiba, cruzando o estado do Paraná de Leste a Oeste. Além da chuva constante, os rios estavam transbordantes, o solo encharcado, a água atravessava o asfalto em uma cheia magnífica. Para quem havia estado nos últimos anos vivendo uma estiagem prolongada, foi maravilhamento do começo ao fim. O verde intenso, a terra viva, águas barrentas, os rios acima de seu nível.

Durante a viagem, passando por aquela paisagem úmida, eu ia me lembrando de lugares e paisagens habituais relacionadas a verões chuvosos na minha infância e juventude. A chuva intensa, as tempestades provocadas por encontro de frentes, o súbito resfriamento, o vapor sendo evaporado rapidamente por um sol escaldante, banhos de chuva, uso de cobertas ou roupas de frio no verão. Nada disso fazia parte da minha memória recente como morador da Depressão Periférica Paulista, onde está Limeira, nem como visitante do Terceiro Planalto paranaense, onde fica Londrina. E foi então que percebi que o tempo atual, seco, havia se tornado para mim como o tempo habitual, característico da própria região.

A passagem por Paraná neste período e os quarenta dias que fiquei em Londrina preparando este livro me permitiram relembrar a própria experiência do lugar. E não apenas da infância e do início da juventude, mas de poucos anos antes, quando, em outros verões, presenciei estações de muita chuva como esta última. A última havia sido em 2005, a outra, em 1998. Nas duas últimas, os níveis dos rios da cidade e da região transbordaram em sua cheia, gerando inundações em várias partes da cidade e da zona rural.

Em 2005 foi a primeira vez que a barragem do ribeirão Cambezinho, que dá origem ao Lago Igapó, grande área de lazer e fruição da paisagem da cidade, foi sobrepujada pelo volume de água, não sendo capaz de dar vazão pelas comportas. A água simplesmente passou sobre a barragem, formando um rio contíguo à rua Almeida Garret, sob a qual a vazão do lago costuma passar, juntando-se do outro lado com o curso a jusante do ribeirão.

Isso se repetiu em 2012, com uma chuva de mais de 100 mm e naquele verão, com o mês mais chuvoso registrado na história da cidade. Até dia 11 de janeiro de 2016 já havia chovido a média histórica para o mês (220 mm). Nestas condições, os mais de 200 mm que caíram sobre a cidade nas 24 horas seguintes foram demais para as estruturas como pontes, casas, estradas e tantas outras construções que foram simplesmente arrastadas pelas enxurradas.[1] Foram horas a fio de uma chuva intensa que demorou a amainar.

Foi o maior evento com danos causados por acúmulo de atividades pluviométricas. Mais de uma dezena de rodovias interditadas, incluindo a PR-445, que liga Londrina à BR-376, em direção a Curitiba; várias estradas rurais, algumas que faziam ligações com municípios vizinhos, incluindo a pista que dá acesso à nova área de condomínios fechados na zona sul da cidade. Neste caso específico, a nova ponte havia sido inaugurada há poucos meses, permitindo assim a duplicação da rodovia e, curiosamente, a antiga resistiu às águas (a montante) enquanto a nova sucumbiu à força das águas. Foram 34 pontes derrubadas pelos rios e mais de 400 Km de estradas comprometidas, concentradas na zona rural.[2]

A terra vermelha da cidade ajuda a dar dramaticidade ao passar da lama. Todos os rios atingiram ou ultrapassaram suas margens de cheia máxima, espalhando-se com força ao passarem pela calha fluvial. Plantações, casas, estradas e mata foram marcadas pelo marrom-avermelhado da terra vermelha. Casas e ruas inundadas, em uma cena que é comum

---

1 Ver <http://www.canalrural.com.br/noticias/noticias/londrina-decreta-estado-emergencia-por-causa-das-fortes-chuvas-60409>.

2 Ver <http://g1.globo.com/jornal-hoje/noticia/2016/01/chuva-destroi-estradas-e-prejudica-o-transporte-em-quatro-estados-do-pais.html>.

em nosso verão tropical urbano, se repetiram pela cidade, inclusive em áreas que havia anos não sofriam com as chuvas.

Episódios e danos também foram registrados nas cidades vizinhas, somando várias centenas de casas atingidas diretamente, muitas famílias desabrigadas e localidades isoladas ou obrigadas a realizar grandes contornos para deslocar-se em seus afazeres diários.

A ação dos órgãos competentes foi rápida, lidando com a situação de emergência. Bombeiros e Defesa Civil estiveram integralmente nas ruas atendendo os chamados, assim como a Guarda Municipal e as polícias auxiliaram no que foi possível. A prioridade, como de praxe, é a retirada das pessoas em situação de risco iminente de morte e a liberação do trânsito, para que a fluidez não fosse interrompida.

Mas não foi apenas no norte do Paraná que as águas caíram com intensidade e volume neste verão, que voltou a ser tropical. Na região de Limeira também houve novamente um verão chuvoso, acima da média histórica, o que provocou a reativação de áreas de inundação conhecidas na cidade, como o vale do ribeirão Tatu, as regiões do antigo córrego do Bexiga (Mercado Modelo) e do anel viário sul. Isso, é claro, salvo todos os fundos de vales e córregos que, com o volume das chuvas, encheram e provocaram inundações e enxurradas.

Para mim, foi uma redescoberta da cidade. O verão em Limeira agora é uma circunstância em aberto: uma novidade a ser vivida, para construir a minha percepção do habitual. Neste sentido, a própria cidade se reapresenta, em novos termos, assim como a repulsa que eu havia desenvolvido por esta época do ano, associado à cidade, recebe novo contorno para ser redesenhada.

Piracicaba, a jusante de Limeira, que tem o grande rio Piracicaba desenhando seu espaço urbano e dando sentido ao próprio município, também experienciou a intensidade das chuvas. Por todo o último período de estiagem, o rio esteve com seus níveis cada vez mais baixos, diminuindo sua vazão e deixando suas pedras e margens à mostra.

O rio Piracicaba é a grande imagem simbólica e da memória da cidade, razão pela qual seu nível baixo repercutia em toda a paisagem urbana e até no ânimo da população e de seus muitos visitantes. Com as chuvas deste verão, a situação se inverteu: dos 1,34m registrados em média em janeiro de 2015, no dia 29 de janeiro o rio atingiu a profundidade de 3,87m na região central, configurando estado de alerta para extravasamento. O limite é de 4 m para o estado de emergência.[3] Com a vazão, a rua do Porto, antiga vila de pescadores atualmente convertida em rua de restaurantes e turismo, foi invadida pelas águas.

As chuvas também foram intensas, acima das médias históricas, em quase toda a Bahia. Na região da Chapada Diamantina, as chuvas registradas em janeiro foram quase três vezes superiores à média histórica (choveu 312,9 mm de 1 a 21 de janeiro dos 105,3 de média histórica), também provocando quedas de pontes e interrupção em rodovias.[4] Com exceção da região sul, todas as regiões do Estado apresentaram intensas chuvas, que não apareceram nos últimos anos, resultando em inundações em várias cidades, com destaque para Riachão do Jacuípe, no sertão baiano, e Jaguaquara, no sul, que foram as mais atingidas.

Em Riachão do Jacuípe, além da ponte na BR-324, que ficou interditada por cinco dias, mais de 480 famílias ficaram desabrigadas com a cheia do rio Jacuípe, um importante afluente do rio São Francisco.[5] Decretado estado de emergência no dia 7 de janeiro, foi organizada coleta de doações de mantimentos e materiais não perecíveis para ajudar a população.

Jaguaquara, na região sul que não recebeu grande intensidade de chuvas (os 89,6 mm dos primeiros 21 dias do ano foram abaixo da média histórica de 125,3), no entanto, foi atingida por um temporal no dia 4 de janeiro, com mais de 140 mm de precipitação em apenas quarenta minutos de duração. O impacto foi violento, com mais de trezentas famílias atingidas que ficaram desabrigadas por causa das enxurradas que varreram as ruas da cidade com grande violência e da água que se acumulou na superfície.

O estado de emergência também foi decretado, especialmente pela afetação de bairros ribeirinhos, que receberam com mais violência a enxurrada acumulada pela bacia e pelas regiões de inundação que se formaram, especialmente no centro da cidade.

---

3 Ver <http://g1.globo.com/sp/piracicaba-regiao/noticia/2015/12/apos-chuva-rio-piracicaba-sobe-e-entra-em-estado-de-alerta-diz-daee.html>.

4 Ver <http://g1.globo.com/bahia/noticia/2016/01/chuva-supera-media-historica-em-21-dias-na-ba-chapada-se-destaca.html>.

5 Ver <http://g1.globo.com/bahia/noticia/2016/01/ponte-que-cedeu-em-riachao-apos-chuva-e-reconstruida-e-liberada.html>.

O que está em jogo nestas situações? Trata-se da métrica da pluviosidade? A questão é compreender a variabilidade climática da sucessão de tempos habituais e o ritmo climático ou identificar a maneira como a intensificação de eventos extremos, no contexto das mudanças climáticas, altera esta variabilidade e, a partir daí, aprender a lidar com elas?

Considero que em todos os casos aqui arrolados (e poderíamos ampliá-los no nosso contexto tropical urbano brasileiro) há uma mistura, causada pelo olhar setorial emergencial dos órgãos responsáveis e pela própria ótica disciplinar que assumimos na forma de lidar com o fenômeno.

Em primeiro lugar, a própria noção de habitual, em geral expressa como média histórica, é mal utilizada. Esta, por definição, inclui os extremos de alta e de baixa pluviosidade. Assim, o habitual, em vez de uma média, é na realidade o ritmo da sucessão de tempos, conforme nos ensina Carlos Augusto de Figueiredo Monteiro (Monteiro, 1991; Monteiro; Mendonça, 2002). O habitual, portanto, deve ser compreendido de forma mais dinâmica e rítmica, o que significa que os extremos, na realidade, também compõem o habitual.

Em vista disso, o grande volume pluviométrico é apenas um dos aspectos, e nem é o mais importante, na configuração de eventos deste tipo. A chuva, na prática, não é em si um perigo, nem causa dano. Não são 200 ou 400 mm de chuva em um dia, em si, que causarão estragos como os aqui relatados. Há necessidade de uma circunstância específica.

O que estas situações têm em comum é a recorrência cíclica dos eventos e uma forma de habitar preparada para os tempos habituais que não inclui seus extremos.

A dimensão cíclica é importante porque rompe com a ideia de excepcionalidade. Atualmente, poderíamos pensar que as inundações fazem parte das cidades brasileiras, pois elas se manifestam não por um excesso da natureza (a pluviosidade), mas pela forma própria como cada cidade é construída. E não se trata aqui de ajustamento à natureza, mas a ausência de compreensão de que o mundo está fundado na própria Terra, como *physis*. Nossas cidades, construídas sem este pensar, sofrem a cada verão a intrusão de Gaia, nos demandando uma outra forma de pensar.

E a manifestação desta intrusão não é a chuva, mas a enxurrada. Mesmo a inundação, como fenômeno mundano (diferente da enchente, que seria terrestre-aquoso), não é ela a principal manifestação, pois a enxurrada é ativa: avança, com energia e potência, deslocando, derrubando, levando, lavando, lambendo a terra. A enxurrada é sem dúvida a intrusão de Gaia mais significativa que os verões tropicais urbanos brasileiros experienciam, atingindo em cheio nosso habitar.

Em Londrina, o habitar vulnerabilizado se manifestou não apenas pelas casas atingidas, mas pela perda das condições cotidianas como o ir e vir (a mobilidade), os afazeres domésticos, o funcionamento de serviços públicos (coleta de lixo interrompida, equipamentos de infraestrutura afetados). Neste sentido, além das evidentes perdas simbólicas e materiais das casas afetadas, as marcas que são deixadas pela enxurrada não se apagam no pós-evento ou com pagamento de indenizações ou recepção de ajuda financeira ou até mesmo com seguros, para quem dispõe de tais estruturas. O habitar se torna marcado por esta vulnerabilidade, marcado pela lama da enxurrada.

Em Limeira e Piracicaba a enxurrada apresentou-se de forma discreta, e não é por acaso que os danos nestas cidades e a comoção social e política não tenham atingido proporções como as do norte do Paraná. A inundação já faz parte da cidade, como a cheia faz parte do rio. Assim, tornada cotidiana, faz parte da experiência urbana e por isso sua própria existência não se configura, em muitas cidades, como eventos extremos do ponto de vista da experiência: se chove, espera-se as águas baixarem antes de ir para casa ou, se puder, simplesmente evita-se as áreas já conhecidas de inundação.

Na Bahia, as duas cidades citadas apresentam questões de ordens diferentes, embora pareçam ser o mesmo fenômeno. Ambas enfrentaram tanto a enxurrada quanto a inundação, mas com sentidos muito diferentes. Em Riachão, a enxurrada afetou as infraestruturas, em um conjunto de solos menos profundos com intensidade de chuvas acima da capacidade de absorção do solo sertanejo. A inundação atingiu a área urbana, por causa do porte do rio e sua localização no sítio urbano. Já em Jaguaquara, na região sul do estado, que teve chuvas mais regulares e em terrenos mais profundos e com vegetação mais robusta, a enxurrada afetou diretamente a cidade por conta da sua intensidade e volume, sendo a inundação consequência posterior.

Os danos causados por chuvas intensas, concentradas e continuadas nestas diferentes regiões ajudam a compreender quão distintas são as situações do lugar e como há um grande número de elementos que interferem direta e indiretamente na forma como este fato objetivo, a pluviosidade, pode produzir eventos e danos à população.

Por outro lado, em que pese a afetação das casas das pessoas e suas possibilidades de continuar a exercer suas vidas diárias, o número de casas afetadas na Bahia é muito mais significativo e impactante (até em termos proporcionais) do que as famílias afetadas nas regiões Sul e Sudeste. Mas qual o impacto, em termos da vulnerabilidade, para tais populações com histórias e geografias tão distintas?

Parece precipitado (e preconceituoso) concluir que as cidades do Sul-Sudeste estão melhor preparadas para dar resposta aos eventos do que as do Nordeste, por exemplo. Tal afirmação parece sair fácil dos lábios, não doendo escrever. Poderia recorrer ao conceito de resiliência (Peeling, 2003; Aldrich, 2012), e utilizá-lo para articular esta ideia.

Mas que tipo de pensamento estaria sustentando tal afirmação?

CAPÍTULO 4

Se não tem água na torneira

Londrina é uma cidade do Planalto, localizada em áreas bem irrigadas, com chuvas regulares e densa mata nativa que, mesmo praticamente extinta, ainda povoa o imaginário da população. O solo muito fértil foi uma das imagens construídas na época da colonização, servindo de propaganda para as levas de migrantes de todas as origens que se dirigiam ao "sertão do Tibagi" para participar do grande processo de colonização de capital privado que incorporou mais de 550 mil alqueires paulistas a Oeste do Rio Tibagi, no norte do estado do Paraná (Tomazzi, 2000).

Isso foi nos anos 1920, e de lá para cá muita coisa mudou, como o cerceamento do povo caingangue à área de sua reserva, hoje no município de Tamarana, ao sul de Londrina; a redução drástica da cobertura florestal, limitada a remanescentes; a mecanização da agricultura e a concentração da terra; uma expressiva densidade populacional em uma urbe de mais de 500 mil habitantes.

O imaginário do sertão nunca esteve presente em Londrina, pois a própria cidade foi concebida como seu oposto. O espírito dos pioneiros não era o de desbravar terras virgens, mas o de civilizar, de modernizar, de progredir. É por isso que, se podemos sentir o imaginário do pioneiro e seus valores na cidade (Pellegrini, 1998; Boni, 2004), o mesmo não se pode dizer do imaginário sertanejo, que antecede a própria cidade.

Podemos dizer que este processo foi bem-sucedido. Londrina é uma cidade que vive sob o signo da modernização, buscando hoje os valores que mundialmente são projetados para as cidades, como resposta às mudanças ambientais globais: sustentabilidade, adaptação e resiliência (Ruth, 2006; Bicknell; Dodman; Satterthwaite, 2009).

A orientação para o planejamento das cidades sob esta lógica está ligada à gestão dos recursos e sua otimização, à inovação e à busca por eficiência das infraestruturas, bem como da construção de planos de contingência diante de desastres e eventos extremos (Djament-Tran; Reghezza-Zitt, 2012). Há necessidade de adaptar também as próprias instituições, na busca por governança diante da complexidade dos problemas e das incertezas, tanto das mudanças quanto das respostas possíveis de pessoas, ecossistemas e cidades (Boyd; Folke, 2012). Boyd (2012) argumenta que é necessário, nesta direção, promover a sustentabilidade, a flexibilidade, a eficiência e a eficácia das instituições, visando à sua equidade.

Quanto à resiliência, ela se tornou uma palavra de ordem para efetivar os processos de adaptação. Para alguns, ela responde bem à complexidade destas relações implicadas nas mudanças ambientais (Walker; Salt, 2006), permitindo não apenas pensar ou compreender tais mudanças e seus impactos, mas sobretudo construir, ou seja, colocar em prática resiliências por meio de um conjunto de ações, em múltiplas dimensões (Aldrich, 2012; Walker; Salt, 2012; Biggs; Schlüter; Schoon, 2015).

Embora multidisciplinares, estou focado naqueles estudos que assumem o caráter socioecológico do conceito e da abordagem, colocando-se em termos sistêmicos. Estes estudos buscam mostrar como a construção de ecossistemas resilientes envolve compreender de forma integrada os sistemas social e ecológico (Berkes; Folke, 1998; Adger, 2000; Berkes; Colding; Folke, 2003). A construção de capacidades de absorver impactos e de adaptar-se está contextualizada nos processos de mudanças ambientais, em várias escalas, e na criação de condições para que ecossistemas socioecológicos resistam, ou seja, sobrevivam às mudanças por processos diretamente ligados à razão instrumental (Ferreira, 2016).

Se o conceito estava inicialmente muito ligado a uma visão naturalista mais organicista, atualmente este evoluiu na direção de incorporar outras dimensões (próprio da perspectiva sistêmica) e, especialmente, na consideração das incertezas inerentes às relações socioecológicas.

Mathevet e Bousquet (2014) mostram como esta mudança está associada à busca de outras matrizes para se conceber a relação homem-natureza, que não apenas a sistêmica, que considera como natural as intervenções humanas que visam à preservação e à manutenção de ecossistemas. Os autores identificam pelo menos quatro tipos de resiliências socioecológicas contemporâneas, as quais mesclam de formas diferentes níveis de antropocentrismo e ecocentrismo, em um eixo, e uma sistemática regulatória e outra complexa, em outro eixo.

As perspectivas arroladas no livro organizado por Géraldine Djament-Rann e Magali Reghezza-Zitt, *Résiliences urbaines: les villes face aux catastrophes*, no entanto, vão além, mostrando como há uma pluralidade maior ainda de perspectivas, sendo necessário distinguir entre discursos, perspectivas teóricas e seu uso como paradigma operacional (Djament-Rann; Reghezza-Zitt, 2012).

No primeiro capítulo do livro, "Penser la résilience urbaine", Lhomme et. al. (2012) argumentam que a resiliência não deve estar ligada apenas às mudanças ambientais. Propondo a necessidade de uma resiliência urbana, afirmam que para além das catástrofes e dos desastres, esta deve inaugurar uma outra forma de conceber o próprio urbanismo sendo, ele mesmo, resiliente. Diante do histórico de catástrofes e dificuldades epistemológicas de definição, os autores concluem que ainda há muito a se investigar neste campo.

Concordo plenamente. A resiliência, como outros conceitos arrolados neste amplo debate sobre mudanças ambientais (e climáticas) globais, especialmente nas feições que adquiriram após 2007, com a divulgação do famoso 4º Relatório do Intergovernmental Panel on Climate Change (IPCC – Painel Intergovernamental sobre Mudança Climática), enfrenta estas dificuldades, especialmente pelos múltiplos atores envolvidos e pela própria natureza do debate ambiental, com forte ação de acadêmicos, instituições governamentais, órgãos multilaterais e movimentos sociais, o que produz uma grande arena discursiva multifacetada.

Sob qualquer parâmetro sugerido por esta bibliografia, seremos tentados a afirmar que Londrina é mais resiliente do que Riachão do Jacuípe, assim como Piracicaba e Limeira seriam mais resilientes do que Jaguaquara. Por quê? Porque tais conceitos estão pautados pela compreensão moderna da relação sociedade-natureza, que os considera como duas partes, mesmo que articulados pela perspectiva socioecológica, e não como um ser-em-situação. Isso significa dizer que a visão panorâmica estrutural me permite colocar Londrina e Riachão do Jacuípe como se estivessem em um mesmo espaço, o território brasileiro, considerando-os em sua condição semelhante, a de cidades, e comparando-as a partir desta condição: infraestruturas, acesso a bens de serviços, receita, conhecimentos técnicos, acesso à informação e até as próprias características biofísicas seriam arroladas para mostrar a maior capacidade de resistir de Londrina.

A situação de sertão de Riachão do Jacuípe seria também trazida à tona, como se sua natureza fosse precária e deficitária, pelo simples fato de estar no sertão, ignorando a fertilidade de seu solo e sua potencialidade. Utilizando um parâmetro externo (Londrina, que não se vê como sertão), a construção de sua deficiência seria arbitrária e descontextualizada. Por outro lado, sua economia baseada na agricultura e na pecuária, sua pequena dimensão (aproximadamente 50 mil habitantes) poderia ser utilizado para reforçar um consenso mal enunciado de que se trata de um município com menos recursos e acesso, tendo como parâmetros a modernização.

Essa aparente disputa fácil, pautada em representações e em um sistema de valores objetivador, não se sustenta se considerarmos a vulnerabilização do ser-em-situação. Aqui o discurso da "seca" e da "região-problema", construído e posto em prática desde o século XIX, entra em cena, repaginado pela discussão das mudanças climáticas. Caio Maciel e Emílio T. Pontes mostram como o discurso de adaptação, na esteira da governança global das mudanças climáticas tem operado para reforçar esse discurso histórico de precariedade do sertão como natureza (semiárido e caatinga) (Maciel; Pontes, 2015). Esvaziando o sentido social, político e econômico, limitam a região ao seu clima, pretensamente deficitário, o que fundamenta o imaginário social vigente até hoje e que reverbera nesta classificação apriorística de Riachão do Jacuípe.

Em segundo lugar, os parâmetros arrolados por esta compreensão de resiliência advém de um sistema global de referências que, por definição, ignora a circunstancialidade e o lugar ou os incorpora de cima para baixo (na perspectiva espacial da *res extensa*), tornando inócuo sua consideração para a avaliação do habitar aquela cidade. Além disso, não faz sentido comparar cidades em circunstâncias tão distintas, afinal, elas *são* suas próprias circunstâncias, não estão nelas, assim como os lugares *são* as cidades, e não apenas as recebem.

As breves descrições das situações ocorridas naquele verão de 2015-2016, estão muito distantes de trazer à luz o sentido do habitar nestas cidades. Associar o não desenvolvido a uma cidade do sertão e o desenvolvido a uma cidade média do sul-sudeste é uma atitude permanente de sobredeterminação do lugar pautada em representações.

A abordagem para conduzir este pensar, portanto, deveria se pautar, primeiro, pelo desvelar do habitar em Riachão do Jacuípe e em Londrina, e não por assumir parâmetros externos de forma apriorística. A circunstância e o lugar são tão intrinsecamente constituintes do que é habitar estas cidades que se torna difícil compreender, sem esta perspectiva situada, os modos-de-ser inerentes ao habitar que dão respostas variadas àquilo que em alguns lugares se constituiu como "problema" ou "catástrofe", e em outro lugar não é reconhecido de tal maneira.

Isso se revelou durante minha estada em Londrina naquele verão quando, após aquele dia histórico de elevada precipitação e muitas consequências para a população e a infraestrutura da cidade, foi anunciado que menos de 30% da capacidade de abastecimento de água da cidade estava disponível. As intensas chuvas elevaram tanto o nível dos rios Tibagi e Cafezal que as áreas de captação de água da Sanepar ficaram completamente inundadas e inoperantes.

No dia anterior, já havia sido interrompido o sistema de coleta de lixo, deixando a cidade sem abastecimento até que as águas baixassem. Porém, não parava de chover e a previsão para os próximos dias era de mais chuvas.

Que fazer? Após o anúncio da falta de água, continuamos a utilizar a água normalmente na casa de meus pais. Entenda-se normalmente como sem qualquer preocupação com a sua limitação ou finitude, já que é desta maneira que utilizamos a água no sul-sudeste do Brasil: como se fosse natural que ela saísse eternamente das torneiras. No final do dia minha mãe anunciou, quase displicentemente, que era bom começarmos a cuidar da água, já que faltaria.

Qual não foi sua surpresa quando, ao amanhecer, já não havia água nem nas torneiras que vêm do sistema, o que era esperado, nem nas torneiras ligadas à caixa d'água da casa, o que era a novidade! Estávamos sem água! Não percebemos que no dia anterior a água deixou de chegar à residência logo cedo e, ao longo do dia, três pessoas utilizaram todos os 250 litros do reservatório residencial!

Uma sensação de impotência e desamparo nos acometeu: sem água, toda a rotina em uma casa urbana se transforma; sem perspectiva de restabelecimento, uma sensação desconfortável de desamparo se estendia à frente sem limites.

Diante da surpresa da falta repentina (e anunciada!), nos pusemos a discutir para entender o que havia acontecido. Os alertas de falta de água não nos despertaram qualquer sentido de urgência. O uso contínuo da água, sem nos preocuparmos com o reservatório ou o momento da interrupção do abastecimento, mostra o quão distantes estamos dos elementos mais essenciais de nossa relação com a Terra em nosso habitar urbano contemporâneo, expressando uma invisibilidade quase completa da água (Bernal, 2015). Nem mesmo a água da chuva que persistiu durante o dia foi aproveitada por nós para fazer reservas em baldes e bacias.

Outra coisa que percebemos foi o absurdo consumo de água que apenas três pessoas, em uma situação extrema de corte de abastecimento, são capazes de irrefletidamente fazer. Essa dimensão cotidiana da magnitude do consumo de água só é possível em um contexto no qual a água é compreendida como algo que jorra milagrosamente em nossas torneiras.

Por fim, algo que só percebi depois é que o tamanho da própria caixa d'água é ínfimo, refletindo uma certeza axiomática e cega nos sistemas de abastecimento e na disponibilidade permanente da água tratada em nossas residências.

Passado o susto, que fazer? Apenas esperar até que a água retornasse? Por causa da extensão do desabastecimento, a possibilidade de procurar conhecidos ou parentes que tivessem água em suas casas não era uma opção. Depois de alguns momentos de ansiedade, decidimos buscar um estabelecimento que vendesse aqueles galões de água mineral com 20 litros. Como não tínhamos galões vazios, compramos três galões e seu conteúdo.

A essa altura, mercados já estavam com pouca água e as centrais de abastecimento estavam vendendo os estoques. Muitos fizeram o mesmo que nós, armazenando para se precaver, só não saberia dizer se estes pouparam a água que tinham em seus reservatórios residenciais ou se inadvertidamente a consumiram, como nós.

Durante dois dias utilizamos a água com parcimônia e cuidado, tomando banho de leiteira, usando canecas para escovar os dentes etc. Ao final do segundo dia, a água voltou a encher nossa caixa d'água e mal havíamos terminado o primeiro galão de 20 litros (sendo que havíamos utilizado 250 litros em apenas um dia antes!). Uma sensação estranha acontece quando o abastecimento retorna, especialmente em um cenário de calamidade pública (que havia sido decretada dias antes), no qual a falta de água era a consequência e não o foco do evento: há um apagamento quase imediato da carência anterior, de forma tão intensa que a primeira pergunta que nos fizemos é: que faremos com os outros dois galões de 20 litros? A decisão foi imediata: na mesma tarde do retorno da água, meus pais levaram os três galões (um vazio) para doação, já que a falta de água persistia em outras cidades e até em outros lugares de Londrina, e estavam recolhendo água para ajudar as pessoas.

Interessante que não pensamos que a água poderia voltar a faltar. Não consideramos também que as chuvas poderiam voltar a se intensificar. Nem pensamos que seria possível viver com bem menos água. Não pensamos em simplesmente nada. A única sensação era de alívio, pois uma limitação incômoda estava agora no passado, e voltamos a consumir 250 litros de água por dia.

O que fiquei a pensar, depois, é como a falta de água em uma cidade que simplesmente ignora todo o processo e consequências envolvidas com sua captação, tratamento e distribuição, e confia cegamente nos sistemas instituídos a torna extremamente vulnerável diante da imprevisibilidade e da própria variabilidade climática e das consequências das mudanças ambientais.

O que teríamos feito se a água não se normalizasse? Talvez começaríamos a captar água em baldes ou teríamos recorrido a mais galões de água mineral? Nós simplesmente não sabemos como lidar com a escassez, especialmente se os recursos financeiros não forem um caminho para solucioná-la.

Além do mais, é impressionante que a falta de água se desse no momento de maior pluviosidade registrado na história, o que não acontece em outras áreas do Brasil, onde a estiagem prolongada e os períodos de seca fazem parte do habitar de muitas cidades.

No sertão baiano, por exemplo, a distribuição de água em muitas cidades é feita apenas duas vezes por mês. Não sei se este é em si um "problema" ou uma "vulnerabilidade". A água recebida enche os tanques (caixas d'água), que são bem maiores que aquelas do sul-sudeste (tendo facilmente alguns milhares de litros), que duram o suficiente até o próximo dia da distribuição. O uso é muito mais contido, mas não há falta de água para as atividades cotidianas e nem há preocupação permanente se a água chegará ou não, já que a incerteza está inscrita na circunstancialidade. Para esta possível ausência, foram tomadas providências possíveis.

Este tipo de relação com a água, cuja disponibilidade menor faz parte da própria relação com ela e compõe o habitar também está presente em muitas outras áreas do nordeste. A construção de cisternas, captação de água da chuva, reuso, torneiras e tanques apropriados além de uma série de costumes e hábitos tornam o que seria um cenário de escassez para um despreocupado morador do sul-sudeste em um hábito rotineiro que corresponde à vida naquele lugar.

Seria conformismo? Ou seria escuta atenta, uma serenidade ao habitar a Terra?

Maciel e Pontes (2015) denominam esta relação como "paradigma da convivência", que estaria ligado à esfera local e regional do manejo histórico e às práticas cotidianas que se constituem culturalmente na relação das populações com o ambiente - ligado ao conceito clássico da geografia de "gênero de vida". Abundância ou escassez são conceitos relativos que possuem significado, inicialmente, no convívio histórico de determinadas formas de ser (culturas e ambiente) que desenvolvem, de maneira articulada, práticas de utilização dos meios disponíveis para sua existência. Mesmo com a modernização, tais práticas continuam sendo importantes, mostrando-se com maior ou menor evidência, dependendo da região e situação.

O discurso da adaptação, ligado à governança global do clima, contrapõe-se inicialmente a este paradigma, por partir de conhecimento racional-técnico e propor soluções aplicáveis mundo afora, em processos de cima para baixo (*top-down*) enquanto a convivência aposta em processos de baixo para cima (*bottom-up*), que emerjam da geograficidade.

No caso em tela, parece ser evidente que, em relação à água, as cidades médias do sul-sudeste parecem apostar na adaptação modernizadora, enquanto as cidades do sertão nordestino, a partir da convivência, mostra-se em outra condição para lidar com a situação.

Para Maciel e Pontes (2015), no entanto, o sentido da discussão não é reforçar esta dicotomia de paradigmas, mas buscar sua articulação, mesmo porque, a pluralidade de situações impõem limites para ambos os paradigmas.

Vemos isso, por exemplo, nos muitos momentos de escassez prolongada, como ocorreu naquele verão no sul da Bahia, única região em que, como já destaquei, choveu pouco no verão baiano.

As cidades de Itajuípe e Itabuna têm sofrido por todo o verão com a estiagem prolongada e a falta de chuva nas cabeceiras de seus rios. Com chuvas muito abaixo do necessário para repor os reservatórios, o impacto na cidade e no campo são intensos.[1]

Nas cidades, além do apoio da prefeitura municipal e do Estado, que têm trazido água de longe para contribuir com o abastecimento, a população, sem esperar intervenção pública, cava poços artesianos, buscando atingir os lençóis freáticos. Como o solo é pouco profundo, a população têm sucesso, mas há problemas sérios de contaminação e de rebaixamento de solo em muitas ruas. Por outro lado, os poços também afetam a própria qualidade dos lençóis e sua vazão, contribuindo para um ciclo vicioso. A própria prefeitura recorre aos poços, tentando minimizar a situação.

Decretado estado de calamidade pública, com mais de 37 mil pessoas afetadas diretamente só em Itabuna,[2] as verbas não são capazes de eliminar a falta da água. Moradores utilizam baldes e constroem grandes tanques para armazenar água, quando disponível.

No campo, as plantações de cacau precisaram tanto de água que a solução foi recorrer à tecnologia: um grupo de proprietários contratou uma empresa para fazer chover.[3] O serviço consiste em bombardear as

1 Ver <http://noticias.r7.com/bahia/bahia-no-ar/videos/itabuna-decreta-situacao-de--emergencia-devido-a-seca-que-acomete-o-municipio-17122015>.
2 Ver <http://g1.globo.com/bahia/noticia/2015/12/prefeitura-de-itabuna-no-sul-da-ba--decreta-emergencia-por-causa-da-seca.html>.
3 Ver <http://g1.globo.com/bahia/noticia/2015/12/em-estiagem-produtores-de-cacau--pagam-por-servico-de-chuva-artificial.html>.

nuvens com água, gelo seco e outros componentes que provocam a chuva artificial, muito utilizada em várias partes do nordeste, com eficiência muito duvidosa.

Esta não é uma região acostumada a lidar com a seca. O que está acontecendo ali refere-se a cenários extremos que, se os climatologistas estiverem certos, serão mais frequentes, o que talvez produza mudanças nos hábitos em relação à água na região.

Digo talvez por que a situação não é tão simples, e faz parte da vulnerabilização do ser-em-situação ter pontos de vista parciais para compreender aquilo que advém de outras escalas, como os riscos e as mudanças tecnológicas (Beck, 2010; Giddens, 1991), que nem sempre manifestam inicialmente suas consequências de forma clara.

Lembremos o que tem acontecido no estado de São Paulo nos últimos anos.

Já mencionei a grande estiagem, ou se preferirem, a falta de chuvas capazes de repor os níveis dos rios e dos reservatórios que se estendeu desde 2011 a 2015. Até chegar setembro de 2015, o nível do Sistema Cantareira, o principal a abastecer a Região Metropolitana de São Paulo (RMSP) esteve caindo mês a mês até obrigar o governo do estado a lançar mão dos dois volumes mortos do sistema (uma reserva de água de má qualidade, com riscos de contaminação, para usos emergenciais).

A falta de chuvas nos registros históricos manifestou-se na forma de períodos de estiagens emendados, como entre 2013 e 2014, cujas estações secas simplesmente continuaram como se não houvesse verão, o qual passou absolutamente sem chuvas.

Esta estiagem prolongada, vivenciada ciclicamente em regiões do nordeste brasileiro, ocorre dentro da variabilidade climática do sudeste com menor intensidade e frequência, no entanto, também faz parte de sua sucessão habitual de clima. Embora não possa ser classificada de excepcional, ela foi marcantemente mais intensa daquelas registradas nos últimos anos, o que torna a conexão com as mudanças climáticas globais muito tentadora, porém, difícil de sustentar empiricamente.

No entanto, o caso de São Paulo é emblemático, pois o estado mais rico do ponto de vista econômico, com maior infraestrutura, com recursos técnicos e humanos considerados por isso o mais desenvolvido no país, foi engolfado em uma complexa rede de situações chamada de "crise hídrica".

Na prática, enquanto recebemos menos chuva em nossos rostos durante quatro ou cinco anos, há mais de uma década antes, relatórios e estudos apontavam para a necessidade de ampliação do sistema de abastecimento. Por outro lado, o desperdício de água continua muito elevado, somado àquele tipo de uso que não considera a água como um elemento finito, mas infinito, que milagrosamente aparece na torneira.

Como se não bastasse tais fatores, com o aumento do calor, da produção industrial e das atividades do agronegócio nos últimos anos, o crescimento do consumo per capita subiu a olhos vistos.[4] O estado que concentra as bases do sistema produtivo do país, utiliza boa parte de sua água nestas atividades altamente consumidoras de água. Sobretudo no período de crescimento da economia entre 2002 e 2015, o consumo de água elevou-se a uma taxa muito acima de qualquer ampliação do sistema hídrico, a qual, diga-se de passagem, não ocorreu.

As chuvas daquele verão iniciaram, pela primeira vez nos últimos anos, uma recuperação consistente dos níveis dos reservatórios. A ação governamental e técnica foi, durante todo o período, digna de uma crônica de Luis Fernando Veríssimo. Além de acionar o volume morto duas vezes, por pura necessidade, de estabelecer rodízio de abastecimento na RMSP, sem notificar a população, e de negar a crise, o governo limitou-se a esperar as chuvas.

Dentre todas as ações possíveis, desde planos emergenciais, investimento em infraestrutura, planos de contingência, tudo o que seria possível aventar, o governo passou dois anos literalmente esperando a chuva chegar. Desde antes da disputa à reeleição do estado, em 2014, cujos índices dos reservatórios já se mostravam assustadoramente baixos, até a chegada das volumosas chuvas do verão de 2015-2016, a solução para a crise foi esperar a chuva.

Sei que repeti três vezes a espera, correlacionando a com diferentes contextos: o político, o técnico e o administrativo. Jacobi, Cibim e Leão (2015) identificam no próprio modelo de governança da água o cerne desta crise que não é de falta de pluviosidade. Mas e do ponto de vista do ser-em-situação?

4 Ver <http://planetasustentavel.abril.com.br/noticia/ambiente/sao-paulo-ja-vive-novo-padrao-climatico-seca-ondas-calor-se-tornarao-frequentes-899101.shtml>.

Primeiramente, a população tomou ações diante da assim chamada "crise hídrica", tanto no que se refere à adaptação quanto à convivência. Assim como na Bahia (e diferente de minha família, no episódio londrinense), passou a instalar em suas casas novos reservatórios de água para captar água da chuva para diferentes tipos de uso da água não tratada. Houve registro de aumento de venda de tonéis de plástico e outros tipos de recipientes, de acordo com a renda e o espaço disponível, para aumentar a capacidade (de resiliência?) de resistir ao risco do desabastecimento, com destaque para ações nas áreas rurais ou nas periferias urbanas.

Outra situação é o aumento da propaganda de empresas que constroem poços artesianos, anunciando inclusive para grandes instituições e grupos comerciais e/ou industriais não ficarem na dependência de São Pedro (como o governo do estado, poderiam acrescentar) – indicando o poço artesiano como a solução para o problema (e de novo estamos no campo dos "problemas").

Uma terceira situação é a própria nomeação, por parte do estado e dos órgãos competentes, da crise (quando admitida, em 2015, após a posse para o novo mandato), como "crise hídrica", o que desloca o centro da questão para a água e sua ausência por causa da estiagem. Esta nomeação retira o foco do ciclo captação-tratamento-distribuição, onde para muitos estaria o cerne da questão, justificando a menção a uma "crise de abastecimento" (Marandola Jr., 2015).

Do ponto de vista de uma resiliência a ser construída, envolvendo a complexa relação socioecológica entre política, recursos, população e empresas, o estado tido como o mais preparado do país deveria ficar dependente do volume de chuvas para poder manter sua economia funcionando? Por outro lado, é instigante pensar que o discurso do governo deste estado (o mais modernizado e, portanto, tecnificado) confie mais na capacidade das frentes frias úmidas vindas do sul romperem o predomínio das frentes secas e quentes estacionadas sobre o estado do que em planejamento, otimização, capacidade adaptativa e construção de resiliência. Apresenta-se uma gama maior de questões entrelaçadas que, neste momento, não irei desenrolar.

Apesar disso, aquele efeito que vivi em Londrina parece se repetir em São Paulo: diante das chuvas (e inundações e enxurradas) abundantes e da retomada do abastecimento sem interrupções, voltamos a pensar que a água é infinita, confiando nos sistemas técnicos que nos trazem a água, voltando a invisibilizá-la completamente em nosso habitar.

Um dos poucos movimentos contrários a esta tendência vi na região do Consórcio da Bacia do Piracicaba-Capivari-Jundiaí que, diante do excesso (compreendido como maior do que a capacidade de absorção) de chuvas de janeiro e da escassez dos últimos anos, iniciou projetos de aproveitamento de água e tem incentivado as cidades da região a criar cacimbas e reservatórios na zona rural e na área urbana. Visando preparar-se para a próxima estiagem, a ideia é construir poços simples em toda a região, aproveitando o excedente de chuva do ano. Em Limeira já foram construídas mais de quatrocentas bacias de retenção e Jaguariúna já está com mais de 195.[5]

Na chamada macrometrópole paulista, Jacobi e Granisoli (2017) também registraram mobilizações que visam à criação de uma nova cultura de água, não apenas neste contexto, mas no histórico de luta por uma outra governança da água. Projetos de cisternas e esforços de promoção de transparência e disponibilidade de informação são novidades que envolvem não apenas a população, mas também a sociedade civil organizada e o terceiro setor.

Isso mostra que São Paulo é mais ou menos resiliente que a Bahia?

Espero que a impossibilidade da resposta e a ausência de fundamento da pergunta justifique a sua não realização renovada.

5 Ver <http://g1.globo.com/sp/campinas-regiao/noticia/2016/01/com-chuvas-em-alta-pcj-aconselha-bacias-de-retencao-no-interior-paulista.html>.

CAPÍTULO 5

Se o lugar é apenas a casa

Estas situações do verão urbano tropical brasileiro parecem reprises de um canal de televisão. E por parecerem reprises e serem noticiadas da mesma forma, nos acostumamos com elas a ponto de deixar de compreender suas especificidades e as circunstâncias diferentes de cada caso.

As circunstâncias não nos servem para individualizar o fenômeno. Antes, ao contrário, permitem compreender sua manifestação nas suas diferentes formas e lugares.

Em vista disso, a vulnerabilização do ser-em-situação não acontece apenas a cada verão. O verão, como uma circunstância, apenas ajuda a desvelar aspectos desta vulnerabilização. Mas há muitas outras formas como o habitar se mostra em risco.

Este foi o tema de minha tese de doutorado, estando diretamente ligado a pesquisas que tenho desenvolvido e orientado desde então (Marandola Jr., 2008; 2014). Ele ajuda a compreender de outra maneira a vulnerabilização do ser-em-situação, deslocando a ênfase do olhar espacializante-espacializado (onde e como estão distribuídos os riscos) para o olhar centrado no lugar, na circunstancialidade.

Apesar disso, foi também durante minha temporada de verão em Londrina que este tema se manifestou no contexto deste livro.

Vivi em Londrina até meus 22 anos. Quando de lá saí, um processo curioso começou a se operar em mim: todas as minhas referências, fundadas na vivência daquela cidade, começaram a se enfraquecer, tornando-se cada vez mais memórias, à medida que davam lugar às novas experiências das outras cidades nas quais eu havia passado a viver.

Não se trata de um processo súbito, mas lento e gradativo. Ele tem relação direta com o sentido existencial dos lugares e a indissociabilidade *self*-lugar (Sack, 1997; Casey, 2001). Assim, podemos entender a migração como um movimento entrelugares, no qual está implicada a identidade territorialmente construída (Marandola Jr.; Dal Gallo, 2010).

A cada ano, o período longe de Londrina implicava a perda da familiaridade com lugares e a consequente diminuição do meu espaço de vida, o qual se limitava cada vez mais à casa de meus pais. Atualmente, a cidade é, para mim, uma cidade de memória, cujo único lugar luminoso talvez seja a casa na rua Cayena, certamente, minha casa onírica da infância (Bachelard, 2003).

Esta situação não é exclusiva dos processos de migração. Ao contrário, tem feito cada vez mais parte do habitar urbano e da própria experiência contemporânea. Bauman (2001; 2007) mostra como, por exemplo, a liquidez atribui uma forte ambivalência às relações e aos processos de identificação e de constituição de sentidos de pertencimento, solidariedade e afeição. Giddens (2002) argumenta que os processos de autoidentidade nesta etapa da modernidade são marcados pelo desencaixe e pela convivência com a insegurança e o risco, demandando outras formas de constituição de segurança ontológica. Beck (2010), em sua análise da sociedade de risco, aponta para a individualização da avaliação do risco, ficando todo o ônus para a esfera pessoal e privada, enquanto a produção é social e política. Esta individualização e sua consequente impessoalidade é a própria face dos espaços metropolitanos globalizados. E por fim, Deleuze e Guattari (2010) são eloquentes em apontar os processos de desterritorialização como devires que dissolvem nossas certezas em processos de identificação metafísica, constituindo-se a movência e a errância como saídas e, ao mesmo tempo, maldições do capitalismo esquizofrênico.

Isso gera duas consequências que nos interessam aqui: a primeira é que os processos de constituição de segurança e proteção precisam agora ser também pensados (e operados) no movimento. Ideias como a de território em rede (Haesbaert, 2004) apresentam-se como possibilidades de engendrar nesta ambivalência o lugar para além de uma visão estática, assim como a de territorialidade, para além de sua concepção areal. A segunda refere-se à dispersão da esfera social no espaço urbano-metropolitano, o que altera o sentido da casa, cada vez mais privada, cada vez mais doméstica, cada mais o reduto a partir do qual, via deslocamentos e comunicação, nos refugiamos. Lugar e território reduzem-se de forma dramática e simultânea, cada vez mais, à própria casa. Trata-se de uma atomização, operada pelo esgarçamento dos espaços de vida e o enfraquecimento do sentido de bairro e da própria cidade (Marandola Jr., 2011).

Este fenômeno, que implica a redução do lugar e do território (em seu sentido existencial) à casa, possui diferentes maneiras de mostrar-se, com implicações para a compreensão das circunstancialidades do habitar.

Em Londrina, no último verão, o isolamento da casa diante da situação de escassez e desastre na cidade reduziu radicalmente a capacidade de reação diante dos acontecimentos. Na verdade, é uma sensação de impotência diante de notícias que chegam e faltam parâmetros para lidar com elas. O lar pode ser uma fortaleza, sobretudo em seu isolamento.

Esse fenômeno se revelou também no estudo que realizei sobre o Condomínio Parque dos Sabiás, na cidade de Sumaré (Marandola Jr., 2008b). Condomínio com blocos de apartamentos, caracteristicamente de classe média-baixa, ocupado por uma classe média-média e média-alta, especialmente por jovens casais que tinham uma vida metropolitana. Recém-chegados à região, encontravam no condomínio localização preço e segurança para morar.

No entanto, pela própria configuração física e posição do condomínio (no final da rua de um bairro afastado nos limites da cidade), lugar e casa eram o mesmo, sem a dimensão coletiva do bairro: todos os serviços e necessidades (lazer, amigos, família) eram supridos via deslocamento, não raro, para outras cidades. Muitas horas, recursos e energia são gastos para manter as redes de proteção, configurando espaços de vida esgarçados no espaço metropolitano, o que também está relacionado à intensa fragmentação do próprio espaço urbano de Sumaré (Marandola Jr., 2010; Rosas, 2011).

Outra situação é a do Jardim Amanda, um dos maiores bairros da região, com dimensão de cidade (mais de cinquenta mil habitantes), localizado nos limites da cidade de Hortolândia, já na área de conurbação com outras duas cidades (Campinas e Monte Mor) (Marandola Jr.; De Paula, 2013). Marcado intensamente pela condição migrante, o bairro foi formado por pessoas vindas de muitos lugares do Brasil, embora não deixe de apresentar tensões entre os "de dentro" e os "de fora" (De Paula L., 2011). Com pouco mais de trinta anos, até os jovens possuem sua relação com a cidade e a região mediadas por tal condição.

Desconexo do centro de Hortolândia, mas às margens da SP-101, há uma forte concentração de deslocamentos pendulares para Campinas para trabalho e estudo, ajudando a compor um contexto no qual este bairro enorme, heterogêneo e pouco articulado com o tecido urbano de sua cidade também possua uma dimensão de densificação do lugar na própria casa.

Esta situação é atenuada quando há redes migratórias, especialmente de familiares, que estão espalhados pelo bairro. No entanto, o Jardim Amanda não é um bairro cuja presença da vida de rua seja significativa. Há muitos lugares de medo e insegurança, mesmo para moradores do bairro, que não têm familiaridade com o bairro como um todo. Limitados a seus caminhos e itinerários e lugares, no Jardim Amanda o lugar também é apenas a casa.

Valinhos e Vinhedo, cidades da porção sul da Região Metropolitana de Campinas (RMC) também apresentam este fenômeno, sobretudo associado à grande quantidade de condomínios horizontais residenciais. Articuladas à RMC por uma intensa mobilidade populacional (Zechinatto; Marandola Jr., 2012), o lugar se torna a casa no intramuros, inclusive na preferência de moradores da própria região de São Paulo em residir ali (Miglioranza, 2005).

A intensa mobilidade e a presença dos condomínios contribuem, em muitas áreas da cidade, para a diminuição da força do bairro na constituição dos lugares. A alta pendularidade indica não apenas uma população de maior poder aquisitivo vivendo nos condomínios, mas também uma intensa mobilidade por uma diversidade de motivos que podem ser compreendidos pela articulação cidade-região, via mobilidade, a qual possibilita manter as residências nos municípios de origem em vez de se mudar. Neste caso, como acontece em outros municípios da RMC, como em Sumaré e Americana (Marandola Jr., 2010), a pendularidade ou a mobilidade cotidiana são alternativas à migração, repercutindo diretamente na forma de constituição e manutenção dos lugares.

Já em bairros consolidados de Campinas, sejam centrais ou periféricos, é possível conhecer circunstâncias diferentes. A Ponte Preta, dentre os primeiros bairros de Campinas, por exemplo, mesmo sendo um bairro de passagem do centro para outros bairros, mantém um sentido de bairro mais forte, embora fragmentado (Marandola Jr.; De Paula; Fernandez, 2007; De Paula F., 2011). Já o São Bernardo, na segunda periferia da cidade, atualmente considerado central, possui duas situações bem distintas: fragmentado em dois, São Bernardo de Baixo e de Cima, apresenta no primeiro uma relação entre casa e rua mais fluída, com uso de espaços públicos e proximidade entre moradores, diferente do segundo, cuja paisagem revela uma separação clara, com cercas elétricas, muros altos, portões e janelas sempre fechados (De Paula; Marandola Jr.; Hogan, 2007).

Outra situação naquela cidade se manifesta nos distritos industriais de Campinas, o bairro (ou região, pela sua dimensão e complexidade) costumeiramente chamado de DIC. Um bairro com condições mais próximas do Jardim Amanda, com grande população e dimensão, composto por migrantes, afastado do centro urbano e tendo a mobilidade como necessidade. O bairro, no entanto, apresenta duas coesões, não manifestas no Jardim Amanda: a das seis fases de construção do bairro (DIC I até DIC VI), composto por conjuntos habitacionais construídos via políticas públicas, e as chamadas (pelos moradores dos DIC) de "invasões", ou seja, as ocupações surgidas espontaneamente entre as etapas dos DIC (De Paula; Marandola Jr.; Hogan, 2010).

Há forte vinculação e uso da rua nos DIC, apesar de os conjuntos habitacionais criarem espaços públicos e privados de uma forma tensionada: rua, área de condomínio, apartamento. O Bosquinho do DIC IV, um grande espaço público, tem um papel importante como área verde e de lazer (De Paula, 2016), mas é o campinho, a própria rua e o comércio que proporcionam os encontros e a compreensão de que mais do que o lugar, habitar os DIC possui um sentido de bairro fortemente compartilhado (De Paula; Marandola Jr.; Hogan, 2010).

E que dizer de cidades pequenas no contexto metropolitano? Holambra, com menos de quinze mil habitantes (com a ampla maioria vivendo na área rural), é um município com uma situação muito peculiar: constituído a partir de uma antiga colônia holandesa, os moradores estão organizados em uma cooperativa para plantio de flores, dando origem ao município nos anos 1990, a partir de terras de três outros municípios. Sua área urbana possui duas territorialidades bem marcadas: a parte norte, com forma e arquitetura holandesa, com terrenos grandes, espaçosos, sem muros, e a parte sul, de uma urbanização característica da região. Há uma forte segregação social entre os dois territórios, com a concentração dos grupos (holandeses e brasileiros) em cada porção da cidade, além da localização de lugares de cada grupo em seus respectivos territórios (Dal Gallo, 2011).

Mesmo com uma dimensão tão pequena, tais territórios correspondem a microcosmos e círculos claramente delimitados, abrangendo festividades, relações familiares e o convívio íntimo. A pouca permeabilidade entre os grupos contribuiu, inclusive, para que em vez de aumentar muito em tamanho, as necessidades de mão de obra para a produção das flores e outros serviços sejam sanadas por meio da pendularidade de trabalhadores para Holambra, tanto de Arthur Nogueira quanto de Santo Antônio de Posse, todos municípios integrados à Região Metropolitana de Campinas (RMC).

A proximidade com Campinas (menos de trinta minutos pela rodovia SP-340) não produziu, por exemplo, uma urbanização intensa, permitindo aos holambrenses "holandeses" que permanecessem na cidade (e até na área rural) para estudar ou mesmo trabalhar fora, se for o caso.

Em vista disso, as rotinas espaço-temporais expressam a forte segregação territorial e cultural no município (Dal Gallo, 2011) circunscrevendo um forte sentido de pertencimento e envolvimento com o lugar-Holambra entre seus habitantes, embora seja radicalmente distinto em cada grupo.

Os lugares-situação mencionados até agora estão no contexto metropolitano, em uma área de densa urbanização e com a presença marcante da migração e de processos de produção desigual do espaço. Eles revelam a importância dos territórios vividos na constituição destes lugares (De Paula F., 2011), bem como o papel fundamental que a mobilidade tem na articulação lugar-região, tornando-se igualmente importante para a constituição dos lugares e da redução do lugar à casa (Marandola Jr., 2011).

Isso ficou mais evidente nos estudos realizados no litoral norte do estado de São Paulo, envolvendo quatro bairros no município de Caraguatatuba: Jardim do Ouro, Tabatinga, Perequê Mirim e Porto Novo.

A dinâmica de uma cidade litorânea é relativamente distinta daquelas que vimos até aqui. Primeiramente por conta da sua forma urbana, espalhada ao longo da linha da costa, com ruas e bairros penetrando perpendicularmente a área da planície. Os contrafortes da Serra do Mar se aproximam e se distanciam da costa, permitindo bairros mais ou menos próximos da praia.

A região do litoral norte paulista, de forma especial, tem características de região como espaço vivido, na conceituação clássica de Frémont (1980), fortemente interligada não apenas em termos da urbanização, que já apresenta conurbação, mas também do ponto de vista cultural e dos espaços de vida (Marandola Jr., et al, 2013).

O bairro Tabatinga, no limite norte do município de Caraguatatuba, porta de entrada principal da região, é fronteira com o município de Ubatuba, ao norte, sendo dividido em três partes: um grande condomínio fechado de luxo, um bairro com muitas segundas residências (mas com infraestrutura municipal) e áreas nas margens do rio Tabatinga, tanto do lado de Caraguatatuba quanto de Ubatuba (Marandola Jr., et al, 2014).

Rio, rodovia e mar são as marcas do lugar, articulando seus territórios e seus usos. Se a rodovia permite a articulação com o centro de Caraguatatuba, também permite a articulação regional e a chegada dos proprietários que vêm de longe para períodos nas casas do bairro e especialmente no grande condomínio. A praia é o grande atrativo, justificando o condomínio e sua presença, enquanto o rio centraliza a vida dos pescadores e mesmo o uso para lazer por parte de alguns veranistas. Esta distância do centro e a necessidade da mobilidade ajudam a reduzir o lugar à casa, embora não se dê da mesma forma em cada fragmento do bairro.

O habitar e o lugar, para cada parte destes vários fragmentos, mostra-se diferente, desde um baixo envolvimento por parte dos veranistas até uma ligação mais direta por parte dos pescadores, passando pelo envolvimento dos muitos trabalhadores que moram e trabalham no condomínio.

A presença de muitas segundas residências é um fator específico em um bairro, tornando mais acentuado a redução do lugar à casa, de um lado, mas afetando também a constituição do lugar daqueles que ali residem permanentemente: a discrepância entre ocupação física e populacional gera um descompasso que produz consequências variadas para a constituição daquela circunstancialidade.

Porto Novo, o bairro que fica na posição exatamente oposta ao Tabatinga, no limite sul de Caraguatatuba, já próximo à São Sebastião, também é marcado pelo veraneio, com muitas pousadas e mais de trinta colônias de férias de associações e outras entidades de profissionais, além de um terminal turístico.

Marcado também pelo rio que corta o bairro, no caso, o Juqueriquerê, o bairro também abriga muitos pescadores ao longo do rio, que o utilizam como acesso ao mar, além de marinas. No entanto, diferente do Tabatinga, Porto Novo está conectado diretamente ao tecido urbano da cidade, embora um pouco afastado do centro (Marandola Jr., et al, 2014).

No contexto do crescimento urbano da região (Marandola Jr. et al, 2013), o bairro, que estava consolidado como dedicado à atividade turística, tem dividido cada vez mais seu espaço com novos moradores que têm chegado em busca de residências mais baratas e acessibilidade urbana.

Pela própria característica transitória de bairro turístico para bairro residencial, o lugar aqui é a casa: sem espaços públicos, sem ainda espaços de troca e sociabilidade, o Porto Novo, salvo nas regiões ribeirinhas, revela à sua maneira o mesmo fenômeno.

Os outros dois bairros apresentam situações muito distintas. Primeiramente, o Perequê-Mirim, com características que a bibliografia especializada consagrou como de bairros periféricos (ou seja, um verdadeiro estigma), localiza-se em uma região de ampla expansão urbana e formação de uma subcentralidade, próximo ao Porto Novo e já conurbado com São Sebastião.

Articulado pela avenida José da Costa Pinheiro Jr., que corre paralela à linha do mar (e à BR-101), possui uma intensa atividade comercial, movimentação de bicicletas e pedestres, atividades culturais e de outras naturezas. O centro de tal articulação é a praça Anizia Francisca de Oliveira, que contém um grande número de bares que promovem vários tipos de eventos, especialmente nos finais de semana.

A intensa movimentação de pessoas interna e também em relação aos outros bairros (tanto na direção de São Sebastião quanto de Caraguatatuba, cujos centros estão à mesma distância da praça central) dá ao lugar um caráter vivo e dinâmico. Embora a rua seja ocupada e usada de forma intensa, no entanto, não há permeabilidade entre casa e rua. Com grades, portões e muros, as casas apresentam-se fechadas e o deslocamento de pessoas se concentra na avenida central, movimento superior a qualquer área de praia em outros horários.

Já o Rio do Ouro, que também possui características do que poderia ser chamada de periferia dos anos 1970, é um bairro de ocupação muito antiga, relativamente próximo do centro, encaixado no vale do rio Santo Antônio. Este desce a escarpa escavando um vale sinuoso que chega à malha urbana do município quase junto da rodovia dos Tamoios, cortando o centro da cidade pelo sul.

Muito povoado e com intensa movimentação nas ruas, o Rio do Ouro já foi palco de muitos desastres, relacionados a inundações, enxurradas e deslizamentos de terra. Foi pelo leito do seu rio que o grande desastre de 1967, uma marca na memória da cidade, desceu a Serra do Mar para atingir a parte central da cidade.

Diferentemente dos demais bairros, o Rio do Ouro possui uma parte já nas cotas que sobem a escarpa. Há uma forte permanência de moradores antigos, mesmo diante dos históricos desastres, indicando não apenas um sentido de relação e pertencimento ao lugar, mas também uma capacidade de enfrentar os revezes. Há muitas casas antigas, com marcas de cheias e inundações, além de muros e grades muito personalizadas. Outra forma que reforça o sentido de bairro é seu semi-isolamento: encaixado no vale sinuoso, possui apenas uma entrada/saída, assim como uma "ilha" fluvial, que também só tem uma entrada/saída.

Os moradores defendem a história de 1967 como sinal de persistência e força, resistindo às políticas de reassentamento e defendendo o bairro. Nos últimos anos ele também tem crescido em população, pois é procurado pelos novos migrantes que desejam preços mais baratos e acessibilidade (Marandola Jr., et al, 2014).

Se olharmos com desejo de encontrar um padrão, este parece estar se delineando da seguinte maneira: bairros mais periféricos e com menos poder aquisitivo possuem maior permeabilidade entre espaço público e a casa, ajudando a construir um sentido de envolvimento para além da casa, enquanto em bairros de maior poder aquisitivo, consolidados, o fenômeno do lugar limitado à casa é mais presente.

Gostaria de problematizar esta aparente óbvia conclusão com dois bairros da cidade de Limeira, estudados recentemente. Trata-se do Jardim Cortez e do Parque Nossa Senhora das Dores (Maldonado; Marandola Jr., 2015; Rodrigues; Marandola Jr., 2015).

Ambos são considerados pelo imaginário urbano de Limeira como periféricos, embora já tenham infraestrutura e a consolidação da urbanização. O Jardim Cortez, localizado na região sul-leste da cidade, fica próximo às margens do ribeirão Tatu, a montante do centro da cidade, por ele cortado, e a montante da estação de tratamento de esgoto.

O bairro é circundado por um afluente do Tatu, ao norte, e pelo meandro do rio, a sul, o que significa que boa parte de seu entorno é constituído por fundos de vale que formam barrancos com matagal bem significativo. As casas, em terrenos estreitos, são muito próximas umas das outras, constituindo-se a contiguidade com a rua, especialmente na região dos fundos de vale, chamada de Barroca. Nela há o convívio e encontro, especialmente por alguns equipamentos construídos pela própria população, como bancos e mesas, além de hortas e algumas frutíferas.

Relações de vizinhança, mútuo conhecimento e colaboração são constituintes do bairro, assim como as fofocas e as inimizades igualmente presentes na vida comunitária. Distante do centro, mas em uma cidade de porte médio, os deslocamentos são concentrados na própria cidade, não representando mais do que trinta a quarenta minutos em transporte coletivo.

O Nossa Senhora das Dores, localiza-se em uma parte alta e plana da cidade, na saída para a rodovia dos Bandeirantes, a oeste da malha urbana, em uma posição em relação ao centro percebida como limítrofe da cidade. O bairro é bem maior em extensão do que o Jardim Cortez, sendo formado por conjuntos habitacionais construídos por etapas (seis no total). Isso, em si, contribui para sua maior fragmentação, pois há moradores de períodos diferentes e com circunstâncias igualmente distintas.

A coesão se dá especialmente pelas avenidas, com o comércio, e pelos espaços públicos significativos, como o Pavilhão do Feirante e as áreas livres próximas, nas quais jovens praticam esportes e se encontram, realizam-se feiras e outras atividades diversas.

Embora também chamado de periférico e com estigmas de "distante", "pobre" e "violento", a dimensão coletiva e compartilhada do bairro é bem diferente daquela vivida no Jardim Cortez. Há alta rotatividade dos moradores do bairro, que buscam outros lugares da cidade para moradia, assim como acentuada fragmentação do convívio que se manifesta territorialmente, tanto pela tendência a evitar lugares específicos associados a perigo e violência, quanto pela limitação à circulação por determinadas partes do bairro.

O sentido de proximidade e permeabilidade casa-rua não se manifesta como no Jardim Cortez, embora os bairros sejam muito semelhantes socioeconomicamente. Há, no entanto, uma outra circunstancialidade no Nossa Senhora das Dores que se manifesta claramente no habitar.

Essa variedade de circunstâncias, lugares, bairros e cidades nos ajuda a compreender que o lugar ser reduzido à casa não é um fenômeno específico de uma classe social (embora se manifeste de forma desigual entre elas) ou de um tipo de bairro ou região. Manifesto de diferentes formas em todas estas circunstâncias, trata-se do mesmo fenômeno, em diferentes situações, o que permite ampliar seu escopo de compreensão e as consequências para a vulnerabilização do ser-em-situação.

CAPÍTULO 6

Se a barragem estoura

Em outubro de 2015 viajei à região norte do estado de Minas Gerais, para Diamantina, para participar do VI Seminário Nacional sobre Geografia e Fenomenologia, promovido pelo Grupo de Pesquisas em Geografia Humanista Cultural (GHUM).

No retorno, viajando para revisitar alguns lugares em que havia estado há mais de uma década, percorri parte da antiga Estrada Real desde Diamantina até a cidade de Ouro Preto, passando por Mariana. Não poderia imaginar que, apenas cinco dias depois, a maior tragédia ambiental do Brasil abateria toda a bacia do rio Doce, com o rompimento da barragem de dois dos lagos de rejeitos da mineradora Samarco/Vale, estendendo-se por todo o curso do rio até sua foz, no litoral do Espírito Santo: mais de seiscentos quilômetros de extensão.

O rompimento da Barragem do Fundão, uma das três do complexo de barragens de rejeitos da mineradora (de ferro), aconteceu no dia 5 de novembro de 2015, liberando seus cinquenta milhões de metros cúbicos de lama contaminada rio abaixo. A onda de lama percorreu a calha dos rios Gualaxo do Norte, do Carmo e Doce, passando pelos distritos de Bento Rodrigues e Paracatu de Baixo, em Mariana, seguindo depois pelo município de Barra Longa. Chegando ao rio Doce, passou por Governador

Valadares (100% dependente da captação de água do rio para seu abastecimento), entrando no Espírito Santo e chegando até o mar.[1]

Foram registradas 19 mortes diretas e uma pessoa desaparecida. A amplitude do desastre, chamado de "a maior tragédia ambiental do Brasil", se justifica pela extensão da contaminação, pela importância do rio Doce não apenas no abastecimento, mas também na economia e na vida de milhares de pessoas que vivem em suas margens, além do valor simbólico e mítico do rio para ribeirinhos e povos indígenas, como os Krenak. Na foz, além de uma área de conservação, há um berço de desova de tartarugas marinhas, parte do projeto Tamar, que correm risco de extinção. No oceano, quilômetros de lama tóxica despejada.[2]

E continuou por muito tempo após o evento. Meses depois a Samarco ainda tentava estancar o vazamento, sem sucesso pleno. Mesmo construindo três diques de contenção, a contaminação continuou acontecendo, mesmo quase seis meses após a ocorrência do desastre.[3]

O noticiário acompanhou o rompimento da barragem e a súbita destruição da maior parte de Bento Rodrigues, que se tornou símbolo do desastre. Pessoas sem casa, meios de vida arruinados, cidades sem suas fontes de água e de renda: uma cena já vista em outras paragens, ao melhor estilo desenvolvimento *versus* preservação. Isso motivou a prefeitura municipal de Mariana (que arrecadava só da Samarco cinco milhões de reais em impostos ao mês) e os moradores a, logo após o evento, pedirem a volta das atividades da Samarco, temendo a onda de recessão e a perda de empregos que se mostraram rapidamente.[4]

A proporção do desastre e os discursos conflitantes em torno de suas reais dimensões, consequências e responsabilidades têm reverberado, desde então, de maneira difusa e mal definida por nossa sociedade. Trata-se do maior desastre ambiental da história brasileira, mas passados

---

1 Ver <http://www.em.com.br/app/noticia/gerais/2016/03/31/interna_gerais,748712/construcao-de-diques-deixa-ruinas-de-bento-rodrigues-com-aparencia-de.shtml>.

2 Ver <http://brasil.elpais.com/brasil/2015/12/30/politica/1451479172_309602.html>.

3 Ver <http://www.em.com.br/app/noticia/gerais/2016/03/30/interna_gerais,748386/diques-para-conter-lama-da-samarco-sao-insuficientes-e-rejeito-segue-p.shtml>.

4 Ver <http://acritica.uol.com.br/noticias/Agonizando-desastre-Mariana-Samarco-alternativa_0_1540645931.html>.

mais de dois anos, a situação não parece estar completamente delineada em termos de seus antecedentes e suas consequências.

As conclusões sobre as reais causas nunca foram definitivas: as mais aventadas envolvem indícios de negligência sobre a situação estrutural das barragens (com relatórios indicando tais fragilidades desde 2013). Outra hipótese seria a excessiva produção feita pela empresa, por causa da queda do preço do minério nos últimos meses, o que teria sobrecarregado as barragens. Isso ficou no cobertor da forte crise política e instabilidade econômica vivida no país no período, o que acarretou, inclusive, a dispensa da Samarco/Vale de pagar a multa inicialmente aplicada.

Este desastre, apesar de ocorrer em meados da segunda década do século XXI, tem todos os componentes que poderíamos chamar de clássicos dos grandes desastres ambientais do industrialismo. Não difere em sua gênese causal dos grandes eventos catastróficos que atingiram cidades, populações e ecossistemas desde o século XIX e ao longo do século XX, dando o impulso decisivo na construção do movimento ambientalista e da própria "questão ambiental" enquanto campo acadêmico e político de ação (Hogan, 2007).

Ao mesmo tempo, o evento traz outras tantas questões que são muito marcantes de nosso atual estágio de preocupação e discussão sobre as consequências do desenvolvimento e suas repercussões ambientais. Mais do que pensar em termos de um evento com causa e efeito circunscritos claramente a um lugar e a um tempo, o desastre de Mariana e da bacia do rio Doce coloca de forma eloquente o quanto os desastres e os perigos ambientais estão no centro da própria reflexão sobre a sociedade atual e o nosso futuro. Em vez de apenas consequência de desenvolvimento do capitalismo, as questões ambientais estão no epicentro de todo o sistema econômico e social que o mundo globalizado criou neste início de século XXI (Marques, 2015). Deixou de ser uma questão setorial ou antidesenvolvimentista, como já argumentei, tornando-se articuladora de toda a maneira como é pensado o desenvolvimento na modernidade e, agudamente, neste período de globalização e associação do conhecimento científico com as empresas e de aparelhamento do Estado pelo capital internacional (Stengers, 2015).

Essa associação já é denunciada há algumas décadas por pensadores tão distintos, como filósofos da ciência, como Paul Feyerabend (2010;

2011), que aponta para a ameaça que o conhecimento científico representa para a democracia, ou Isabelle Stengers (2002; 2015), que tem atuado diretamente na compreensão das relações entre política e conhecimento científico; ou sociólogos Ulrich Beck (1997; 2010) e sua compreensão da nova política fundada na gestão dos riscos produzidos pela tecnociência ao mesmo tempo que retira os elementos e possibilidades de enfrentamento de tais riscos da esfera privada; e Boaventura de Sousa Santos (1987; 2006), que de forma muito clara e direta denuncia o papel do conhecimento científico, fundador da modernidade, na construção de epistemologias hegemônicas que operam na eliminação da diferença e, em articulação com o capital econômico e ideológico, na imposição de um único modelo civilizador.

O caso é uma autêntica intrusão de Gaia, impondo-nos o questionamento sobre o que é possível fazer a partir disso e qual o seu significado, abrindo vários caminhos para pensar o sentido da vulnerabilização do ser-em-situação. Gostaria de articular estas possibilidades a partir de três ideias: *o habitar do desastre iminente*; *o descompasso escalar e a continuidade dos seres-em-situação*; *a morte do lugar*.

Com aproximadamente seiscentos moradores no momento da tragédia, o distrito de Bento Rodrigues, embora não tenha sido o único atingido, se tornou emblemático pela extensão da destruição, pela proximidade com a barragem e pelos momentos de pânico que os moradores viveram, saindo às pressas de suas casas e deixando tudo para trás.

Muito se falou sobre o impacto da destruição e as perdas dos moradores: além de bens materiais, perderam memórias, fotografias, documentos e o próprio lugar, fundado no século XVIII, como testemunhava a igreja desta época. Com 80% das construções varridas do mapa, incluindo a igreja (só restou sua fundação), como se sentem os moradores e a própria cidade de Mariana, em relação à mineração e à Samarco?

Causou indignação o fato de muitos moradores entrevistados à época manifestarem o desejo de voltar a trabalhar na Samarco, o quanto antes. Outros não atribuíram a ela culpa, e desejavam que ela voltasse logo às suas operações.

Mas não é apenas a população de Bento Rodrigues que pensava assim. Muitos em Mariana e a própria administração municipal não mediram esforços para que a subsidiária da Vale voltasse a operar o quanto antes.[5] Os moradores de Bento Rodrigues não cultivaram necessariamente mágoa da Samarco: ela sempre forneceu empregos, ajudou a região e alguns desejavam voltar a trabalhar nela. Sindicatos de Mariana começaram rapidamente a se mobilizar diante do aumento vertiginoso do desemprego e a prefeitura demonstrou grande preocupação com os cinco milhões em impostos que deixou de receber para cada mês de paralização das atividades da mineradora.

Para os chocados com a extensão do desastre, as perdas materiais e simbólicas pessoais e sociais por toda a bacia do rio Doce, pode parecer incongruente tal perspectiva ou, no mínimo, unilateral. Isso me deixou muito pensativo, procurando compreender a questão a partir do lugar e sua circunstancialidade.

Primeiramente, é interessante lembrar que o vilarejo foi fundado para e pela mineração, no século XVIII. Isso significa que a localidade já foi concebida e constituída no contexto da mineração. Não era a Samarco, com seus vínculos internacionais e suas relações entre empresas e governo, mas a própria localidade que expressava um vínculo essencial com a atividade mineradora. A Samarco é apenas o capital da vez.

Na realidade, a exploração dos recursos minerais não é uma questão pontual ou momentânea no estado de Minas Gerais. Sua ocupação foi orientada pela prospecção e exploração de ouro, diamantes e depois vários minérios encontrados em seu solo. Além da relação histórica construída por todo o estado, é simbolicamente muito forte o fato de as "minas" nomearem o estado, doando-lhe sentido.

Conhecer as cidades coloniais de Minas Gerais é percorrer esta história de exploração que se confunde com a própria história do estado. Diamantina, Ouro Preto e Mariana são apenas algumas das cidades mais antigas do período (colonial) em que se iniciou a exploração. Mas não é necessário recorrer a esta temporalidade.

Se viajarmos pela BR-040 ou por outras áreas do quadrilátero ferrífero teremos a experiência daquilo que é a mineração atual: pó, desmonte de morros, maquinário, óleo, combustível, vertentes desmatadas, terra nua. Olhando por este ângulo, a mineração não é meramente

5 Ver <http://acritica.uol.com.br/noticias/Agonizando-desastre-Mariana-Samarco-alternativa_0_1540645931.html>.

consequência do desenvolvimento ou uma falha no ajuste da forma como exploramos a natureza: a mineração está intrinsecamente ligada à própria fundação do habitar nestas regiões, constituindo-o. Não seria Bento Rodrigues um dos lugares da mineração, ou seja, um dos lugares (como "ponta de lança") que dão sentido à própria atividade, doando-lhe sentido?

Do ponto de vista da experiência de Bento Rodrigues ou de outras áreas intimamente ligadas à mineração, é justamente neste sentido que talvez o ser-situado viva um habitar do desastre iminente, tendo-o como parte intrínseca de seu lugar. Para nós, de longe, parece óbvio que um conjunto de barragens de rejeito seja componente da vulnerabilidade da população a jusante. No entanto, se pensarmos que a mineração não é algo externo à região e ao lugar, mas que os constitui, talvez seja mais plausível compreender a vontade de as pessoas reconstruírem Bento Rodrigues e continuarem com suas atividades ligadas à Samarco (ou à outra empresa que venha), dando prosseguimento ao processo de desmonte de morros, refino de minérios e produção de lagos de rejeitos.

E não seria esta vontade de voltar e continuar a mineração uma expressão da *resiliência*, em sentido cultural e social de resistência?

Por outro lado, não podemos ignorar um descompasso escalar gritante, introduzido pela ciência moderna e, mais fortemente, por este último período do capitalismo: globalizado e de articulação entre ciência, política e mercado. A Samarco não explora a região como faziam os bandeirantes ou outros mineiros que exploravam a montanha com picaretas. Além do mais, há um lapso temporal entre a decadência do ciclo minerador no século XVIII e início do século XIX, com a exploração iniciada no século XX.

Se Bento Rodrigues, enquanto lugar, pode estar essencialmente ligado à mineração, poderíamos dizer o mesmo daqueles que dependem das águas do rio Doce não apenas para viver, mas sobretudo para se reconhecer e continuar sendo eles mesmos, como as populações ribeirinhas e os indígenas que habitam suas margens?

Há um nítido descompasso entre as decisões e escolhas na escala de ação dos moradores de Bento Rodrigues, do município de Mariana, da Samarco como empresa e de todas as extensas consequências do desastre.

Não é por acaso que uma das primeiras frentes de ação do Ministério Público e da justiça brasileira envolveu a apuração do desastre para que possa identificar aqueles a quem se deve a atribuição de responsabilidade. Resultado talvez inócuo do ponto de vista dos seres-em-situação, mas fundamental para a gestão instrumental.

Mas é difícil conseguimos um parâmetro, pensado de fora, para ajuizar sobre isso. Especialmente porque a mineração é uma atividade, desde seu início, voltada para fora: trata-se de uma expropriação por definição que, no entanto, também funda lugares e formas de habitar. Atualmente, a referida empresa é uma *joint-venture* entre uma empresa de capital nacional com atuação internacional, privatizada, mas com controle da União, a Vale, com a BHP Billiton, outra multinacional, esta de capital australiano. Há, em cada lugar, a incorporação de tais lógicas naquilo que Milton Santos já apontava como sendo a relação entre a razão global e razão local que têm oportunidade, como possibilidade de realização, nos lugares (Santos, 2002).

No entanto, este descompasso não se dá apenas em termos escalares, mas sobretudo em termos da constituição dos seres-em-situação. Ponderemos a situação não pela articulação de escalas, mas pela quadratura.

Desse ponto de vista, o rio Doce ou Bento Rodrigues ou Mariana ou Governador Valadares podem ser, todos, lugares. A questão se desloca da extensão, direcionando-se para a condição de habitar destes entes. Como não disputam o espaço extensivo, coexistem à medida que são habitados, ganhando vida a partir justamente daqueles que os habitam.

Deste ponto de vista, o rompimento da barragem reverberou profundamente na vulnerabilização dos seres-em-situação, tanto entre os nomeados quanto entre os ainda não nomeados aqui. Quantas cidades, quantas comunidades de pescadores, quantos afluentes do rio Doce, quantos bosques, quantos vales, quantos bairros não tiveram sua existência tensionada por conta do desastre?

A existência ser colocada em risco não significa apenas, como a flor do Pequeno Príncipe, estar ameaçada de desaparição (Saint-Exupéry, 1998). O sentido existencial de estar ameaçado de desaparição é não poder dar continuidade à sua narrativa existencial (Giddens, 2002).

Em "Identidade e diferença", Heidegger (1999c) argumenta contra a identidade do ponto de vista da metafísica, ou seja, da correspondência com um outro semelhante que está fora. O sentido existenciário de identidade, para o autor, é a autenticidade consigo mesmo, e não com uma entidade abstrata ou uma representação. Este sentido de identidade não é o cultivo do mesmo, mas a multiplicidade narrativa que se dá no ser-em, ser-no-mundo e ser-aí, como Heidegger desenvolve amplamente em sua analítica existencial (Heidegger, 2002a). É nesta perspectiva que a autenticidade deve ser compreendida: como possibilidade de autodeterminação que se dá, ao mesmo tempo e inescapavelmente, no mundo em que já estamos imediatamente lançados. Este, como já vimos, manifesta-se na nossa relação com/nos lugares (Marandola Jr., 2016c).

Em vista disso, para podermos continuar-sendo, os lugares não precisam ficar imutáveis, nem nós. Não se trata de permanência ou imutabilidade. Antes, trata-se de manter-se a indissociabilidade ser-lugar, a qual permite sermos-em-situação. Mudanças e transformações (aditivas e degenerativas) fazem parte desta circunstancialidade, inclusive as imprevistas, dado que o lugar não é, assim como nós não somos, um ente fechado. Ele é nosso próprio acontecer como ser-aí.

Assim, como podemos compreender, do ponto de vista da experiência, tais acontecimentos que tensionam a continuidade da narrativa existencial das populações e lugares?

Para meditar sobre esta questão, voltemos a Bento Rodrigues. Os moradores, depois do susto inicial (a fuga da lama e a busca pela sobrevivência), passaram a se organizar para se posicionarem junto à Samarco e à gestão pública. O trauma de perder todas as memórias e lugares foi motivador para lutar pelo direito de ter suas vidas reconstruídas.

Espalhados pela cidade de Mariana, têm desde então se articulado para, com os moradores também exilados de Paracatu de Baixo, seus vizinhos, conseguirem a reconstrução.

Podemos afirmar que tanto Bento Rodrigues quanto Paracatu de Baixo sofreram topocídio, ou seja, uma aniquilação ou assassinato do lugar. Oswaldo Bueno Amorim Filho, no artigo "Topofilia, topofobia, e topocídio em Minas Gerais" trabalha com a ideia de topocídio, termo utilizado por Porteous (1988) no contexto de crimes ambientais e intervenções radicais urbanas. Amorim Filho (1996, p.146) dá ênfase às situações ambientais extremas como "degradação e aniquilamento de paisagens, lugares, construções e monumentos valorizados", sempre articulado ao termo topo-reabilitação, compreendido como a recuperação destes bens.

O autor cita vários exemplos de topocídio relacionados ao desmatamento, à degradação dos rios, aos impactos de barragens para construção de hidrelétricas, que resultaram inclusive no desaparecimento de cidades, enfatizando por fim os impactos da atividade mineradora, sobretudo em sua intensificação durante o século XX.

Amorim Filho (1996, p.148) se pergunta se "[...] a nossa geração (e, sobretudo, as futuras gerações de mineiros) deve submeter-se à inevitabilidade dos topocídios, ou se ainda haveria esperança para a topo-reabilitação?" Seria esta pergunta pertinente para o caso de Bento Rodrigues?

A população de Bento Rodrigues foi alojada em hotéis e pousadas pagas pela Samarco, além de receber indenizações (que continuam em negociação). Além disso, fez parte das medidas compensatórias firmadas com órgãos municipais, estaduais e federais a compra, pela Samarco, de uma nova área onde será reconstruído Bento Rodrigues, ou Novo Bento Rodrigues.

A área não é distante da antiga localização, e possui a aprovação e participação dos moradores nas decisões que estão sendo tomadas, que negociam o que querem que permaneça do antigo vilarejo.

O acordo prevê também uma série de projetos sociais, de recuperação da bacia e a reconstrução de outras localidades, como Paracatu de Baixo, também em Mariana e Gesteira, em Barra Longa.[6]

Como implicação do habitar o desastre iminente, os moradores aceitaram a possibilidade daquilo que veio a acontecer: assumiram o risco como parte do habitar e é por isso que a mudança de lugar, a ideia de construção de um Novo Bento Rodrigues, em nova circunstancialidade, atende àqueles moradores. Eles exigem proximidade com o lugar anterior, a presença da paisagem, dos vizinhos e de uma série de outros elementos que são de natureza simbólica ou sentimental específica, como as serenatas, o pé de esponjeira, o cascalho, o balde de palha, o lambari frito, a vida livre, o nosso modo de vida.[7] Mais do que elementos afetivos, são

6 Ver <http://www.vale.com/samarco/PT/Paginas/samarco-vale-bhp-billiton-assinam-acordo-uniao-governos-minas-gerais-espirito-santo.aspx?gclid=CL7Ej4f3h8wCFUgehgodUfgOCg>.

7 Ver <http://issuu.com/umminutodesirene/docs/asirene>.

demandas políticas que defendem uma forma de habitar, ou seja, uma forma de ser.

Em vista disso, não sei se o que vai se configurar em Bento Rodrigues e Paracatu de Baixo será uma topo-reabilitação. Não seria a mudança de sítio, o Novo Bento Rodrigues, indicação de que se trata de um outro lugar? Este terá as memórias e a ligação afetiva e efetiva com Bento Rodrigues, mas talvez não seja aquele lugar. Não só porque efetivamente estarão em outro sítio, mas também porque as circunstâncias tornaram aquele lugar outro: a mobilização política, a luta por direitos e a dor e sofrimento mudaram os seres-em-situação, tornando-os mais fortes na defesa de si mesmos.

Assim, embora um caso claro de topocídio, a resposta a ele não é a topo-reabilitação. Não há mais sítio a ser reabilitado. O elo indissociável ser-lugar foi rompido, necessitando portanto de uma refundação, de uma Terra para que Bento Rodrigues possa fundar seu mundo e, assim, refundar o lugar. Os moradores do vilarejo têm demonstrado um forte sentido de autorreflexividade na construção da autoidentidade, defendendo de forma clara a necessidade de sua restituição.

No entanto, isso não significa que o lugar tenha morrido, não apenas pela população que sobreviveu, mas também pelos vínculos com a paisagem e a atividade da própria mineração, as quais, do ponto de vista arqueológico, são fundantes do lugar. Em vista disso, a resistência do lugar está na união dos moradores e em sua *physis*, permitindo a refundação em outro sítio, mas na mesma Terra, restabelecendo a quadratura.

No novo sítio os moradores vão restituir suas rotinas, buscando a reacomodação com as novas circunstancialidades, mas tendo condições de manter aquelas principais, mesmo com a mudança de área e por todas as mudanças em si mesmos e nas dinâmicas sociais e políticas desde o evento. Mas um ponto fundamental para diferenciar Bento Rodrigues do Novo Bento Rodrigues se revela em uma das exigências dos moradores para a escolha do novo sítio: a nova localização tem que ser próximo a Bento.

Já são, portanto, dois lugares, embora entrelaçados pela experiência e pela memória.

Um processo como este talvez fosse mais difícil para os Krenak, no rio Doce, pois se tivessem que simplesmente mudar de rio porque o rio

Doce não se recuperaria, isso envolveria mudanças de ordem cosmológicas e espirituais difíceis de se operar. Ali o próprio tempo permitirá que sejam consideradas as novas circunstâncias. Mas neste e em outros casos, penso que a dificuldade seja de que na maioria dos lugares afetados na bacia do rio Doce haja processos de topo-reabilitação, cuja efetividade depende muito mais da forma como os seres-em-situação se engajam e tomam para si o processo de reconstituição dos lugares, desde que seja possível a reconstituição do habitar na mesma paisagem, na mesma base (Dardel, 2011).

A pergunta, fundamental, não se aplica, no entanto, para a situação de Bento Rodrigues. Ela se aplica às demais localidades do Rio Doce, que não viviam na iminência daquilo que aconteceu, mas no caso do distrito aniquilado de Mariana, a questão é de outra ordem. Em Bento Rodrigues, o habitar era do desastre iminente: não por acaso o símbolo escolhido pelos moradores seja a *sirene*. Ela nomeia a revista que criaram para a mobilização, além de constituir um novo ritual que tem sido realizado nas praças de Mariana: os moradores se reúnem para tocar a sirene e para não esquecerem. A sirene de alerta não tocou no dia em que a barragem do Fundão rompeu, e esse simbolismo da ausência ajuda a desvelar outro traço fundamental da circunstância.

CAPÍTULO 7

Vulnerabilidade

PRECARIEDADE DA EXISTÊNCIA

Encontro-me novamente à soleira. No limiar do dia, para que se inicie a noite, devo terminar esta tarefa. Um pensar e escrever diurno em busca de aberturas e sombreamentos da noite.

Mas estas são crônicas de um verão tropical, do qual emana uma forte luz, uma claridade própria e, assim, uma própria circunstância. Este verão tropical é urbano, pois é das cidades que pensamos e é com elas que sonhamos e construímos nosso habitar. Um habitar urbano nos trópicos.

É a partir desse ser-situado que tentei escrever, como ciência existencial, tomando-o como circunstância e lugar, abrindo a possibilidade de pensarmos a tarefa de nosso tempo, em termos da vulnerabilização do seres-em-situação.

Que vulnerabilidade se desvelou? Como é próprio dos caminhos de floresta, enfrentarei a questão por três diferentes trajetos, sem esperança de conduzi-los necessariamente ao mesmo termo. Os trajetos tematizam três ideias centrais, com as quais desejo encerrar esta meditação: a *finitude*, a *resiliência* e a *identidade*.

EXPERIÊNCIA DA MORTE E FINITUDE

Os acontecimentos daquele verão apresentaram mortes e perdas, sendo constituintes da própria circunstância da vulnerabilização dos seres-em-situação. Perda de vida, perda de casa, perda de amigos, perda de símbolos, perda de segurança, perda de tranquilidade, perda de cidade, perda de paisagem, perda de lugar.

Todas estas perdas atingem diretamente a autonarrativa existencial, tensionando sua continuidade. Essa é a compreensão de vulnerabilidade que emerge de tais acontecimentos, no mesmo sentido que aponta Constança Marcondes Cesar quando afirma que a vulnerabilidade, do ponto de vista da finitude, pode ser entendida como "precariedade existencial" (Cesar, 2011, p.44).

Em que consiste esta precariedade existencial? A resposta deve passar pelo espírito sempre novo da modernidade, a perda ou a morte são valores a serem superados, deixados para trás. Evita-se a morte, evita-se reconhecer a finitude. Neste sentido, nega-se, enquanto vivos, qualquer menção à finitude.

A própria ideia de vulnerabilidade carrega esta retórica da perda, não como algo inerente, mas como algo a ser evitado a qualquer custo (Furedi, 2007). É por isso que ela assumiu um caráter negativo de algo a ser mitigado ou eliminado.

A precariedade existencial da qual fala Cesar, no entanto, é de outra natureza. Está ligada diretamente à constituição do ser-no-mundo enquanto ser-para-a-morte, conforme anuncia Heidegger (2012a) em sua famosa analítica existencial de *Ser e tempo*. Nela, o filósofo vê na antecipação da morte a fonte da finitude, da angústia e do ser-com, pois há o reconhecimento do limite da existência, sua indeterminação no tempo e a experiência da morte primeiramente do outro e com o outro, o que nos faz compreender nossa própria finitude.

A essa perspectiva, afirma Cesar (2011), Heidegger reconhece outra atitude possível diante da morte, pois considera a morte "como possibilidade do ser humano", o que o habilita para suportar a espera e a antecipação. Trata-se de compreender a morte como parte da própria vida e não como a negação da existência, nos fazendo buscar sentido para a vida (Heidegger, 2012a).

Ainda segundo Cesar (2011, p.45), esta compreensão do filósofo aponta para uma ambiguidade em sua compreensão da morte: "ela é tanto o ápice da vulnerabilidade, a extinção da vida, como o píncaro da existência, enquanto acontecimento que obriga a buscar o sentido do viver." A consciência da morte em Heidegger, portanto, é uma força para a vida, para a busca de seu sentido, como "superação dessa vulnerabilidade essencial, de ultrapassamento e de afirmação do ser."

Outro autor que se dedicou ao tema, com ideias que nos permitem pensar a vulnerabilização do ser-em-situação, é Paul Ricœur. Dentre as ideias de morte meditadas por ele em sua obra *Vivo até a morte*, duas estão diretamente ligadas à reflexão que estou realizando: a morte do outro e a ideia de mortalidade (Ricœur, 2012). No primeiro caso, como em Heidegger, o aprendizado da morte se dá na morte do outro, o que nos coloca na condição de sobreviventes. É experienciando a morte de conhecidos e de estranhos que nos perguntamos sobre uma outra forma de ser, em outro lugar.

No segundo caso a questão se volta para a finitude, ou seja, trata-se do dever-morrer, do ter-de-morrer. Ricœur (2012, p.11) assinala que "vista do interior, a finitude ruma para um limite a partir do sempre aquém, e não para um marco que o olhar ultrapassa [...]". É por isso que defende o caráter abstrato da ideia de finitude diante da impossibilidade de sua experiência. Mesmo o moribundo se vê como ainda vivo, o que torna difícil a distinção entre o desejo de ser e o esforço de existir, limiares da finitude.

Contrapondo esta perspectiva da determinação para a morte, Emmanuel Levinas, em *Totalité et infini*, afirma que a morte é o temor do desconhecido, o medo do vazio (Levinas, 2000). Como Heidegger e Ricœur, reconhece que nossa experiência vem pela morte dos outros, o que funda, em sua compreensão, um profundo sentido de alteridade e um sentido de ética: a busca pela ligação com outro ser humano como reação à iminência da extinção. A iminência da morte é, para Levinas (2000), aterradora porque não pode ser prevista, carecendo de qualquer referência empírica. Se faz sempre presente ao mesmo tempo que dela só temos ameaça como vazio sentido na morte de outrem.

Outra diferença de sua perspectiva em relação a Heidegger é o papel que atribui à vontade de viver, a qual contribui para o medo da morte e para o sofrimento. Cesar (2011, p.45) assinala que esta é outra marca da vulnerabilidade, em Levinas, pois "o sofrimento é um dado, mas um dado impossível de ser assumido; é o excessivo inscrito na situação, é o repulsivo e perturbador". O sofrimento, como experiência de não liberdade e da negação, nos torna passivos e impotentes, especialmente se o sofrimento não tiver razão de ser, em sua inutilidade. Neste contexto, Cesar assinala a emersão da compaixão e o cuidado em relação ao sofrimento do outro, buscando tanto a explicação para o sofrimento quanto a sua cura.

Segundo a autora, a morte, o sofrimento e a dor são denominadores comuns ao pensamento de Heidegger e de Levinas sobre a vulnerabilidade: "[...] a ideia de que é possível resgatar o seu aparente não sentido, recuperando, pela coragem de existir, pela autenticidade da existência, pela compaixão, o valor da vida, apesar da finitude essencial do homem." (Cesar, 2011, p.46). A condição de vulnerabilidade é, portanto, constituinte do *Dasein* (na linguagem de Heidegger) e do existente (na linguagem de Levinas), sendo especialmente sentida quando nos encontramos justamente no aberto: na abertura da clareira, onde pode acontecer o desvelamento, e é justamente ali que estamos mais vulneráveis, pois estar no aberto exige de nós a exposição diante do outro (Levinas, 1993). Esta vulnerabilidade da abertura não é iminência de morte, mas é também possibilidade de vida, enquanto possibilidade e situação do indeterminado diante do mistério: a verdade do Ser, para Heidegger, e o Outro, para Levinas.

A morte, portanto, como componente da própria vida, revela-se não como ameaça, mas como condição do ser-no-mundo, assim como a própria vulnerabilidade. A perda e a morte, como constituintes do *Dasein*, não podem ser dele retirados. Isso não elimina a dor e o sofrimento, nem a ameaça à continuidade existencial como angústia profunda, tanto individual quanto coletiva, despertando em nós a compaixão e o sentido de nossa própria finitude, como alteridade. O sofrimento, portanto, tensiona a vida autêntica, compreendida como a continuidade da narrativa existencial.

E que dizer do topocídio?

Talvez seja uma das experiências que permita sentir a morte, mesmo em vida. O lugar como centro da quadratura, ou seja, a própria circunstância da existência, ao ser aniquilado elimina o fundamento daqueles seres-em-situação, deixando-os soltos no mundo: seres abruptamente sem situação.

Talvez esta seja a raiz de tanta comoção e da compaixão que sentimos com aqueles que perdem suas casas, atingidas por diferentes eventos. Não se trata apenas de atingir a pessoa onde ela é mais vulnerável: trata-se de atingir o fundamento da sua própria existência e, com isso, eliminar a possibilidade da própria vulnerabilidade.

A aniquilação do lugar ou da casa, no entanto, vai além da consciência da mortalidade ou da antecipação e do medo do vazio: ela materializa o sentido da morte, vivificando tal experiência. Ter o lugar reduzido à casa é especialmente dramático neste sentido, pois concentra de forma intensa a base da existência.

Não é à toa, portanto, que todas as situações de vulnerabilização dos seres-em-situação aqui descritas envolviam a ameaça às casas e ao modo de vida, ou seja, ao seu próprio habitar a quadratura. Muitos deles devem ter experienciado a iminência da finitude, a ameaça e o sofrimento, e talvez, no caso de Bento Rodrigues, até a experiência da morte. A luta pelo novo lugar é uma forma de se manter vivo, resistindo à extinção, movidos por vontades permanentes (ligadas ao lugar perdido) e por vontades novas (ligadas ao desejo de restituição).

Por outro lado, a mobilidade cotidiana pode ser uma forma de escapar da redução do lugar à casa e acessar outras formas de constituição da resiliência. Afinal, um fato novo, no caso de Bento Rodrigues, é justamente a mobilização pós-desastre que dota não apenas o lugar, mas a própria paisagem de um sentido político (Marandola Jr., 2017). Esta já é uma das reações à vulnerabilidade vivida no aberto, no sentido da apropriação e luta pela própria possibilidade de continuar-sendo.

RESILIÊNCIA: CONTINUAR-SENDO, MUDAR OU PERECER?

René Dubos, em *Um deus interior*, afirma que muitos ficariam surpresos ao descobrir que as mudanças na paisagem contemporânea produzidas por máquinas e pela queima de combustíveis fósseis, não são nada comparadas com as profundas transformações na paisagem ocorridas ao longo dos milênios (Dubos, 1975). O autor afirma que pode ser verdade que a velocidade e a intensidade das últimas décadas não se comparam com aquilo que as técnicas simples da Idade Neolítica e da Idade do Bronze fizeram; no entanto, em sua opinião, nada garante que as transformações de hoje sejam tão profundas ou igualmente permanentes.

Dubos enfatiza o que chama de persistência do lugar: uma permanência que ultrapassa novos usos, sentidos ou sistemas econômicos, fundada no espírito do lugar (*genius loci*), que se refere a suas características próprias. Ele mostra, por uma série de exemplos, como lugares permanecem ao longo da história, ligados a seus usos ancestrais: antigos caminhos, paisagens, lugares de passagem, cidades ou os *hauts lieux*, lugares sagrados. Dubos (1975) argumenta que muitos dos lugares modernos são constituídos sobre localizações anteriores e que mesmo com a globalização e a padronização de lugares, estes ainda se diferem, o que atesta a persistência do lugar e a diferenciação ambiental.

Não é incomum estarmos em meio a debates deste tipo: aqueles que defendem a conservação ou a preservação são conservadores e sonhadores, ignorando a dinâmica do mundo. Por outro lado, os que defendem o novo e o desenvolvimento serão acusados de desenvolvimentistas e de não respeitarem o passado. Trata-se de perspectiva semelhante ao antigo debate entre ambientalistas "idealistas" e "materialistas" (Pepper, 2000).

Perspectivas que reconhecem qualquer tipo de ancestralidade nos lugares são chamadas de essencialistas, em uma atitude que me parece tipicamente moderna, na associação do ser ao novo. Mas o passado tem seu sentido próprio, como fenômeno, que pode estar associado a muitos lugares e paisagens (Lowenthal, 1985; Wells, 2016).

Em termos da vulnerabilização do ser-em-situação, o dilema corriqueiro está na resistência e na iminência da finitude do próprio lugar. A resiliência é comumente arrolada como conceito e habilidade que permitiria, diante dos inevitáveis processos de mudanças, resistir e assim dar prosseguimento à narrativa existencial: continuar-sendo. Mas em que efetivamente consiste a resiliência, em sentido fenomenológico?

Para meditar sobre a pergunta, vou recorrer à reflexão de Kenneth Maly, no texto "*Earth-Thinking and transformation*", no qual propõe duas imagens da experiência humana: um caminho de conectividade e expansão e um caminho de desconexão e contração (Maly, 2009).

O primeiro se refere a uma experiência de abertura e busca por expansão, concebendo a não separabilidade ser-mundo, buscando uma experiência profunda com todos os tipos de vida. No segundo caso, a experiência de mundo é discreta, separada e isolada, com a contração do eu e a própria dimensão relacional.

Maly (2009) associa o segundo modo de experiência com a nossa forma de ser no Ocidente, voltado mais para si do que para o mundo: isolado e separado. Estas duas imagens servem para o autor chamar a atenção para a necessidade de conexão e autoexpansão, como possibilidade, na direção de outros humanos, de não humanos e da própria Terra. Isso é fundamental para, na opinião do autor, poder pensar a Terra e suas transformações. Os estágios que ele propõe para este fim nos interessam por permitirem pensar o sentido da resiliência no contexto da vulnerabilização dos seres-em-situação.

Estes são os quatro estágios: alargar o sentido da noção de Terra; compreender a Terra como lugar sagrado; aprender a habitar a Terra, como cuidado; pensar a Terra de maneira profunda e interconectada.

O primeiro estágio refere-se a compreender a terra ligada ao ser. Investigando o sentido da palavra "Terra" (*Earth*) em várias línguas, Maly (2009) identifica o sentido de conexão, desde o erótico, o embasado e o enraizado (raízes profundas), remetendo-se não a uma substância estática, mas a um emergir,[1] em conexão e entrelaçamento, fazendo crescer a si e aos demais entes que estão em sinergia. Maly (2009, p.52) constitui, portanto, outro sentido para Terra: em vez de algo estático, inanimado e sem ação, "[...] estamos participando de terra como desdobramento, o desdobramento de uma nova terra, alargada: conectividade, emergente movimento vivo, em erupção, os quais abrem para fora. Terra-pensamento na sua riqueza e profundidade".[2]

O segundo estágio envolve ouvir a Terra como lugar sagrado, especialmente o lugar onde se vive mais profundamente. Constrói também um sentido de lugar "com os pés no chão", envolvendo o sentido

---

1 Este emergir, está claro, é um dos sentidos basilares da leitura heideggeriana (Belo, 2011).

2 Tradução livre. No original: "[...] *we are participating in Earth as unfolding, the unfolding of a new, enlarged earth: living connectedness, emergent moving, erupting, opening out. Earth-thinking in its richness and depth*".

espiritual e sagrado dos lugares, o que implica também reconhecer a conexão com o mundo não humano e sua pulsão.

O terceiro estágio implica aprender a habitar a quadratura heideggeriana. Maly (2009, p.53) afirma que habitar é preservar, é estar com/entre as coisas (os entes), cuidando para salvaguardar a cada coisa o seu lugar, na interconexão. Remete a cada ação do homem na quadratura para indicar seu papel entre os mortais, esperando os deuses, abaixo do Céu, sobre a Terra.

Por fim, o quarto estágio propõe o pensamento como uma Terra profunda, experienciando a Terra em sua interconectividade a partir de sua concepção alargada: uma sinergia de conexões. Maly (2009) defende nossa não separação da Terra, bem como a não separação dos seus elementos, propondo que como dinâmica e viva, em movimento pelas energias e sinergias, a Terra e nós nos transformamos juntos, no mesmo movimento que nos constitui.

A compreensão da resiliência, neste contexto, envolve nossa relação com a Terra de forma alargada, habitando-a, conectados e comprometidos com seu próprio destino. A alquimia mencionada por Maly (2009) lembra a filosofia dos corpos misturados, de Michel Serres (2001), que na impossibilidade de dissociar natureza e cultura ou seres e entes, os concebe como mistura, argumentando que é assim que se dá na experiência. Assim, as transformações da Terra são nossas próprias transformações, pela conexão e entrelaçamento que cultivamos ao cuidar e zelar por ela.

Mally (2009) também enfatiza o lugar, via habitar (em chave heideggeriana), como acontecer desta relação alquímica na qual eu me transformo nos meus lugares à medida que eles se transformam em mim: transmutação.

Em vista disso, qual o sentido da resistência e da mudança? A resiliência compreendida a partir desta ligação originária implica reconhecer as transformações como constituintes do habitar, de um lado, inclusive aquelas que nós próprios deflagramos. Assim, o continuar-sendo está implicado em assumir estas interconexões alquímicas, acolhendo a experiência da abertura e da expansão (o que nos expõe à vulnerabilidade), e não a experiência da reclusão e do isolamento. A única forma de continuar-sendo em relação é participar das transformações, mas no sentido do cuidado e da vulnerabilidade, não do domínio.

De outro lado, como habitar autêntico (no cuidado e na espera), a resiliência significa também que o destino do lugar é o nosso destino, e que este precisa ser compreendido em seu sentido de habitar. Negar esta indissociabilidade seria dar um passo para a morte do lugar. Em que sentido?

Se a própria movência e transformação faz parte do sentido do habitar a Terra, o deixar de ouvir os lugares ou de exercer o cuidado pode romper tal vínculo, levando-nos ao isolamento. Se é necessário cultivar a alteridade e a sociabilidade, esta também deve se direcionar à Terra em seu sentido de fundamento. Maly (2009, p.59) alerta para a necessidade de refazer a aliança da experiência vivida com a especulação abstrata, fundando este pensamento profundo da Terra na compreensão da experiência da não separação e da força transformativa de nosso habitar.

Isso indica que resiliência, em sentido fenomenológico, está intimamente relacionada à questão da identidade.

IDENTIDADE: UM CLAMOR ÉTICO

Simon P. James, em *The presence of nature: a study in phenomenology and environmental philosophy*, argumenta que, em uma perspectiva fenomenológica, o ser-no-mundo expressa um entendimento de nossa existência para além da ruptura ontológica homem-natureza (James, 2009). Para ele, no entanto, dois aspectos são fundamentais para sustentar esta formulação heideggeriana: o *envolvimento* e a *inerência*.

O envolvimento se refere ao fato de estarmos afetados, ou seja, que tudo aquilo que acontece em nossa experiência está conectado com nossas preocupações e vivência, porque no fundo elas importam para nós. James (2009) destaca que este envolvimento nos faz um com o ambiente, especialmente a partir da casa (lar) e de nosso mundo circundante (*Umwelt*). Heidegger (2012a) utiliza este conceito para expressar o mundo da proximidade, assim como Giddens (2002) o movimenta para pensar aquele mundo de familiaridade e proteção que nos envolve. A importância do *Umwelt* está na proximidade e na mundanidade da existência fáctica, tal como mostra Saramago (2008), que prefere "mundo-ambiente" como tradução. Esta proximidade é fundamental pelo caráter particular deste mundo circundante, significado a partir de um ser-aí.

A inerência significa que "[...] somos feitos do mesmo material das coisas mundanas que encontramos" (James, 2009, p.21).[3] James recorre à fenomenologia dos sentidos de Merleau-Ponty para sustentar que esta inerência se dá material e psiquicamente ao mesmo tempo. A partir da concepção de carne, central na ontologia dos sentidos de Merleau-Ponty (2007), concebemos a matéria no mesmo âmbito perceptivo e ontológico: o corpo que percebe também é percebido, sendo também carne o próprio mundo e a Terra, em sua capacidade de se abrir para o sensível.

É isso que significa habitar o mundo: estar envolvido e ser inerente a ele, de forma alquímica, em mistura.

É desta compreensão que emerge o sentido de corpo-Terra de Noguera (2004), por exemplo, ao lançar mão de uma fenomenologia do habitar sensível no contexto do pensamento ambiental latino-americano. E é neste contexto que a questão da identidade é reconduzida à sua fundação na Terra ao mesmo tempo que emerge no mundo. O seu cerne, como no caso dos seres-em-situação, é o lugar.

Identidade fundada no lugar está relacionada diretamente com a ideia de autenticidade e inautenticidade, conforme Edward Relph argumenta em seu clássico *Place and placelessness*. Partindo dos conceitos heideggerianos, Relph (1976) mostra como lugares autênticos, ou seja, aqueles que mantém a coerência da narrativa existencial, são fundamentos de lugares com significado existencial, enquanto aqueles lugares-sem-lugaridade (*placelessness*) rompem com a geograficidade e a historicidade do lugar, introduzindo elementos inautênticos.

Éric Dardel, em *O homem e a terra: natureza da realidade geográfica*, elabora de forma semelhante este argumento (Dardel, 2011). Partindo da ideia do lugar como base ou fundamento de nossa existência, argumenta que há lugares que escolhemos e há lugares que não escolhemos. Ambos são fundantes de nossa identidade, de quem somos: "nos é necessária uma base para assentar o Ser e realizar nossas possibilidades, um *aqui* de onde se descobre o mundo, um *lá* para onde nós iremos." (Dardel, 2011, p.41).

---

3 Tradução livre. No original: "*[...] we are made of the same stuff as the worldly things we encounter*".

Mas não estaríamos novamente mergulhados no pensamento moderno, concebendo a identidade como aquilo que nos antecede, sendo esta hereditariedade um conceito metafísico?

A contenda entre perspectivas essencialistas e não essencialistas da identidade (Hall, 2005) não diz respeito à fenomenologia, pois, como vimos, todas as essências arroladas neste texto até aqui não remetem a uma raiz ou solo em sentido estático: o fundamento, como no embate Terra-mundo, é um acontecer dinâmico ininterrupto, como um fundo sem fundo (Heidegger, 2012c). Mesmo o desvelamento buscado pela fenomenologia não é um esclarecimento: ocultamento e desvelamento são intrínsecos à relação Ser-ente, e por isso não se trata de uma busca objetiva por um dado essencialmente guardado.

No entanto, não é incomum atribuir a Heidegger um pensamento provinciano, pré-moderno, do enraizamento (em sua negativação). Isso se deve por sua compreensão da modernidade urbana enquanto heterarcia (fundada na técnica moderna – *Ge-stell*) em oposição à autarcia prevalecendo no mundo rural pré-moderno. Segundo Belo (2011), estas expressam um hiato de civilizações: a autarcia é baseada na unidade familiar da casa/comunidade/região que trabalham na fundação de todas as suas condições materiais para viver com poucas trocas, ou seja, baixa dependência externa perante a heterarcia, que surge no contexto das cidades, que se orienta à especialização, resultando na alta dependência intra e extracomunidade/região, fundando um saber técnico e econômico como que passa a organizar toda a vida cotidiana e social. A conhecida crítica de Heidegger (2001d) à técnica moderna estaria, segundo Belo (2011), direcionada na verdade ao caráter de heterarcia de nossa modernidade, pautada na *Ge-stell*, muito distinta das sociedades da autarcia, constituídas na autonomia em torno da *physis*.

Nesta direção, podemos compreender por outro ângulo a crítica à fragmentação das ciências e sua tecnificação, bem como a posição do pensamento de Heidegger como pensador da terra e da vulnerabilidade dos seres-em-situação: "a *physys* dava-se apagando-se, *deixava ser* o que ela produzia, enquanto a técnica, insistente, provocadora, não se ocupa do 'deixar-ser'" (Belo, 2011, p.150). Na era da técnica, não há tempo para espera, da autonarrativa ou autodeterminação, para o florescimento no habitar: deve-se sempre ir adiante, identificar-se com algo (externo), produzir, desenvolver, caminhar. Não há florescimento (como vida), mas desenvolvimento, como o cortar de laços (Porto-Gonçalves, 2004; Noguera, 2014).

Estaria, portanto, nesta forma de ser que é imposta pela técnica, em sua heterarcia, o processo de esquecimento do Ser, a raiz das nossas crises, como a de pensamento e de civilização, como a da vulnerabilização dos seres-em-situação. associadas à sobreposição da *physis* pela *Ge-stell*, obstruindo justamente um dos fundamentos mais importantes para o habitar poético e, portanto, autêntico: o deixar-ser. Nosso viver em crise, e seu enfrentamento, se dá justamente neste tensionamento cujas acaloradas e intensas discussões sobre identidade e diferença são uma sinalização fundamental de sua relevância para o enfrentamento da questão de nosso tempo.

É neste sentido principal que o pensamento heideggeriano sobre identidade deve ser colocado. Como pensamento vivo e pulsante, orientado para as existências fundadas na experiência do ser-no-mundo, a identidade se refere ao pertencimento ao Ser, enquanto deixar-ser, à sua relação originária, o que é mais significativo se levarmos em consideração que, em Heidegger, a verdade e o mistério do Ser é nada senão o próprio mistério e segredo da *physis*, conforme nos mostra Hadot (2006). Segundo o autor, em um instigante estudo sobre o aforismo de Heráclito "A Natureza ama ocultar-se", a angústia e o desvelamento na analítica fundamental são a interpretação heideggeriana deste aforismo, bem como sua compreensão da natureza como *physis*, o que permite compreender o papel do mistério em sua filosofia, bem como a importância do encantamento, da espera e da serenidade em sua ontologia.

Para Heidegger (1999c), há dois principais aspectos para um pensamento ontológico da identidade: primeiro é a relação de comunidade, que implica as relações que o comum-*pertencer* possibilita, com ênfase no pertencimento, e não naquilo que seja o mesmo (comum). O segundo ponto importante é o que Heidegger chama de essência da identidade: o acontecimento-apropriação (ou acontecimento apropriativo ou ainda acontecimento apropriador), o *Ereignis*. Esta palavra, fundamental nos últimos anos da filosofia de Heidegger (2013; 2015), indica uma dupla apropriação: do homem pelo ser e do ser pelo homem, por meio da história.

Com esta palavra, além da dupla apropriação, Heidegger deseja indicar a limitação do pensamento fundado na tradição (metafísica) e a necessidade de, na investigação do ser, sondar o pensamento futuro, aquilo que ainda não se manifestou. Sem negar a necessidade de dialogar com a tradição, Heidegger (1999, p.183) salienta, no final do texto sobre "Identidade e diferença": "[A razão] impera quando nos liberta do pensamento que olha para trás e nos libera para um pensamento do futuro, que não é mais planificação", e termina: "Mas, somente se nos voltarmos pensando para o já pensado, seremos convocados para o que está para ser pensado." A identidade e a diferença bem como sua dimensão ontológica estão ainda para serem pensados.

A identidade, portanto, nesta dupla apropriação ser-homem/homem-ser, está centrada na dinâmica da história do ser enquanto nos constituímos em nossas circunstâncias, nossos lugares. Não se trata de encontrar uma origem, mas de compreender este devir dinâmico que, enquanto acontecer, possui uma natureza eventual fundante de aparecimento (Heidegger, 2015).

Essa identidade compõe a resiliência, fenomenologicamente compreendida, o que significa que o continuar-sendo não se refere a um parâmetro externo ou à capacidade de retornar a um determinado ponto ou configuração. Continuar-sendo significa a possibilidade da dupla apropriação, na abertura expansiva da experiência que entrelaça (envolvimento e inerência) seres-em-situação.

Essa compreensão de identidade se liga diretamente ao habitar poético, enquanto possibilidade de criação e do cuidado. É neste habitar poético que o entrelaçamento fundante da condição terrestre do homem se realiza, potencializando todas as expressões desta indissociabilidade arroladas ao longo deste texto: vulnerabilização dos seres-em-situação, habitar, quadratura, ser-lugar, *Dasein*-mundo-homem, ser-no-mundo, geograficidade, alquímico, mistura etc. Estes termos, diferentes entre si e referindo-se a aspectos complementares, expressam fenomenologicamente o fundamento de um clamor ético nem antropocêntrico nem naturalista.

A ética que emana desta compreensão do sentido ambiental de nossa existência é uma ética fundada no habitar poeticamente a terra, como sugere Foltz (1995), a partir de Heidegger, o que implica o cuidado, a conectividade, a abertura, a identidade e a diferença dos/nos lugares, a salvaguarda das paisagens, o respeito aos seres-em-situação, a compreensão das circunstancialidades e um pensamento que busque a ultrapassagem, não a superação como etapas de desenvolvimento, com traços noturnos que considerem a poética, os sonhos e a imaginação.

Mas é também uma ética do "ser respondível", que coloca a responsabilidade do ser-com (*Mitsein*) atrelada à necessidade comunicativa e de discurso da responsabilidade para com o outro, como mostra Crowell (2012). Segundo o autor, há na ontologia fundamental uma permeabilidade ao si-mesmo do *Dasein*, fundada na sua constituição enquanto ser-no-mundo e ser-com e ser-em. Estes são a circunstancialidade própria da comunicação e do compartilhamento em comunidade, com a qual tanto a responsabilidade quanto o horizonte de sentido do ser respondível se constituem.

Esta ética, que ganha ênfase em Levinas (2000) pela preocupação com o Outro e a sua integridade, dá centralidade à compreensão de quem sofre e de quem causa o sofrimento, o que estabelece o vínculo da alteridade.

Segundo Claver (2003), a concepção de vulnerabilidade em Levinas está associada justamente à capacidade de se apropriar da violência para infligir sofrimento ao outro, sendo este humano ou não. Isso se aplicaria aos desastres e às situações descritas neste livro.

Retornamos assim à questão da identidade, agora revestida do sentido de liberdade, ou seja, do deixar-ser. A violência, como opressão, cerceia a liberdade, impedindo deslocamentos, normatizando comportamentos, reduzindo o espaço de vida, podendo chegar ao extremo da aniquilação do lugar ou de tornar o sofrimento e a precarização da existência parte constituinte dele. Este implica que este outro não seja apenas outros homens: mas outros entes e outros seres – outros existentes, encarando a própria terra neste amálgama alquímico misturado, geograficamente.

Resiliência, portanto, não é sinônimo de continuar o mesmo. Trata-se da capacidade de apropriar-se da sua própria história e assim existir como abertura, possibilidade e mistura.

Crepúsculo

Na primeira página da obra *Caminhos de floresta*, há uma breve nota, como prelúdio:

> *Holz* [madeira, lenha] é um nome antigo para *Wald* [floresta]. Na floresta [*Holz*] há caminhos que, o mais das vezes sinuosos, terminam perdendo-se, subitamente, no não trilhado.
>
> Chamam-se caminhos de floresta [*Holzwege*].
>
> Cada um segue separado, mas na mesma floresta [*Wald*]. Parece, muitas vezes, que um é igual ao outro.
>
> Porém, apenas parece ser assim.
>
> Lenhadores e guardas-florestais conhecem os caminhos. Sabem o que significa estar metido num caminho de floresta. (Heidegger, 2012c, p.3)

Iniciei esta meditação ponderando sobre a eliminação da noite como parte do conhecimento. Na busca por caminhos menos claros, busquei caminhos de floresta, percorrendo lugares narrados a partir da experiência. Se o caminho não se mostrou tão linear ou previsível, que isso sirva de possibilidade para tomar outros caminhos, criando picadas ou novas alternativas para suas próprias travessias.

Quem conhece estes caminhos? Não aqueles que já os mapearam, mas aqueles que os percorrem conhecendo a floresta. Por isso este livro é, acima de tudo, um convite a andarilhos que busquem momentos de quietude e autarcia em meio à heterarcia que dominou também nossa vida intelectual e nossa relação com a Terra e com o mundo. Não uma fuga, mas um oscilar.

E o que emerge destes caminhos? A necessidade de uma postura ética, sobretudo do ponto de vista epistemológico, ontológico e da alteridade.

A "questão ambiental" compreendida como vulnerabilização dos seres-em-situação, como ação política, visa permitir um olhar propriamente experiencial dos fenômenos contemporâneos, voltando-nos para as questões de nosso tempo na proximidade delas.

A tarefa do pensamento, que inclui também a ciência enquanto ciência existencial, não envolve os objetos e conceitos que nossas disciplinas construíram. Envolve, antes, buscar o ainda não pensado, esta filosofia do amanhã, daquilo que mesmo sem sabermos nomear ao certo, buscamos.

A resposta não está no passado, como algo dado e pronto para ser resgatado, mas é do presente para o futuro. Por isso o movimento final de virada de Heidegger para o acontecimento apropriativo é tão emblemático. Parece um reforço de sua herança da filosofia nietzschiana, um reforço de seus traços noturnos e da construção de caminhos que sejam aberturas e não grandes estradas a serem percorridas.

Esta fenomenologia do ser-em-situação, composta a partir de lugares experienciados e compartilhados de um verão tropical urbano brasileiro, portanto, não apresenta um caminho a ser percorrido. Antes, em suas lacunas e suas possibilidades de reflexão, espera ter despertado a necessidade primeira de pensar aquilo que precisa ser pensado.

Muito do que poderia desdobrar e pensar a partir das páginas deste livro estão ausentes. O vínculo lugar-paisagem, por exemplo. Além disso, certamente não consegui responder a muitas perguntas que lancei ao longo deste escrito. A principal delas, talvez, seja aquela sobre o caráter noturno da fenomenologia. Isso me faz lembrar os arquétipos míticos nietzschianos de *O nascimento da tragédia* (Nietzsche, 2007): Apolo, o deus da ordem, bem poderia ser chamado de diurno, e Dionísio, o deus devasso do prazer, seria bem imaginado como noturno. Enquanto Apolo simboliza o respeito e a obediência, a manutenção do *status quo*, Dionísio expressa forças que não se dão ao controle, sempre tendendo ao caos e à desordem por sua busca hedonista.

Pensar com a fenomenologia no século XXI me coloca por vezes ao lado de Apolo: uma filosofia de rigor, o verdadeiro positivismo, como queria E. Husserl, comprometida com o projeto da modernidade e fundada nele. Para outros, a radicalização proposta pelo pensar fenomenológico, sua ênfase na experiência e a tendência para a poética, além de uma influência mística presente em autores como E. Stein, M. Heidegger e o próprio G. Bachelard, os colocaria próximos de um Dionísio lascivo, noturno, muito distante de uma construção efetivamente científica possível. Seria, neste caso, um saber noturno como o restolho, o caos, aquilo que não se vê nas luzes, mas, por isso mesmo, propício à criação, à diferença, àquilo que, contra-hegemonicamente, floresce (Hara, 2017).

Talvez seja este o noturno que precisemos cultivar: aquele "território do difuso, dos contornos imprecisos, dos sentidos inquietos, dos instintos à flor da pele que intensificam a imaginação e a capacidade e invenção e de destruição" (Hara, 2017, p.11). Se a luz do dia afasta os receios e os perigos, nos fornecendo o controle reconfortante oriundo do saber, a noite, em sua difusa desorientação, é terreno fértil para a emergência.

Esse noturno não deve ser o domínio das trevas, uma noite permanente enquanto negação do dia. Bachelard diurno e Bachelard noturno não eram dois, mas um só Bachelard. Assim, estas páginas não são uma apologia à busca do refúgio na cabana, negando nossa intensa vida universitária moderna. Mas também não é a entrega cega e irrestrita à sua inevitabilidade. Não é um clamor pela volta da autarcia contra toda heterarcia. Esta fenomenologia do ser-situado aponta para a necessidade de mais sombras e oscilações. Mais trânsito e movimento, que são, em si, articulados pela quietude e pelo recolhimento: o demorar-se. Mais inacabamento e caminhos de floresta e menos certezas e grandes estradas de rodagem prontas, sejam as modernas sejam as picadas antimodernas. Pois é este pulsar, este ir-e-vir incessante que dá ritmo e sentido à própria vida.

Assim, se a fenomenologia é definitivamente diurna ou noturna, certamente não é muito relevante. No crepúsculo no qual me encontro, fico satisfeito com as luzes sombreadas, ou com a noite iluminada.

Desde que haja lugar para o segundo brilho.

Referências

ADGER, Neil. Social and ecological resilience: are they related? *Progress in Human Geography*, v.24, n.3, p.347-364, 2000.

ADORNO, Theodor W.; HORKHEIMER, Max. *Dialética do esclarecimento:* fragmentos filosóficos. Tradução de Guido A. de Almeida. Rio de Janeiro: Zahar, 2006.

ALDRICH, Daniel P. *Building Resilience:* social capital in port-disaster recovery. Chicago: The University of Chicago Press, 2012.

ALIER, Joan Martínez. *O ecologismo dos pobres.* Tradução de Maurício Waldman. 2.ed. São Paulo: Contexto, 2012.

AMORIM FILHO, Oswaldo Bueno. Topofilia, topofobia e topocídio em MG. In: DEL RIO, Vicente; OLIVEIRA, Livia de. (Orgs.). *Percepção ambiental:* a experiência brasileira. 2.ed. São Paulo: Studio Nobel, 1999. p.139-152.

ANGEL MAYA, Augusto. *El retorno de Ícaro:* muerte y vida de la filosofía. Una propuesta ambiental. Bogotá: PNUMA, 2002.

AUYERO, Javier; swistun, Débora. *Inflamable:* estudio des sufrimiento ambiental. Buenos Aires: Paidós, 2008.

BACHELARD, Gaston. *A poética do espaço.* Tradução de Antonio de Pádua Danesi. São Paulo: Martins Fontes, 1993.

BACHELARD, Gaston. *A intuição do instante.* Tradução de Antonio de P. Danesi. Campinas: Verus, 2007.

BACHELARD, Gaston. *A poética do devaneio*. Tradução de Antonio de Pádua Danesi. 3.ed. São Paulo: Editora WMF Martins Fontes, 2009.

BADIOU, Alain. *A aventura da filosofia francesa no século XX*. Tradução de Antônio Teixeira; Gilson Iannini. Belo Horizonte: Autêntica, 2015

BARTHES, Roland. *O prazer do texto*. São Paulo: Perspectiva, 2008.

BASSEY, Nnimmo. *Aprendendo com a África:* a extração destrutiva e a crise climática. Niterói: Consequência, 2015.

BAUMAN, Zygmund. *Modernidade líquida*. Rio de Janeiro: Zahar, 2001.

BAUMAN, Zygmund. *Tempos líquidos*. Rio de Janeiro: Zahar, 2007.

BECK, Ulrich. *Ecological enlightenment:* essays on the politics of the risk society. Tradução de Mark A. Ritter. New Jersey: Humanities Press, 1995.

BECK, Ulrich. *Sociedade de risco:* rumo a uma outra modernidade. Tradução de Sebastião Nascimento. São Paulo: Editora 34, 2010.

BELO, Fernando B. *Heidegger:* pensador da terra. Lisboa: Centro de Filosofia da Universidade de Lisboa, 2011.

BERGSON, Henri. *Duração e simultaneidade:* a propósito da teoria de Einstein. Tradução de Claudia Berliner. São Paulo: Martins Fontes, 2006.

BERKES, Fikret; COLDING, Johan; FOLKE, Carl (Eds.). *Navigating social-ecological systems:* building resilience for complexity and change. Cambridge: Cambridge University Press, 2003.

BERKES, Fikret; FOLKE, Carl (Eds.). *Linking social and ecological systems:* management practices and social mechanisms for building resilience. Cambridge: Cambridge University Press, 1998.

BERNAL, Diana A. *A rosa do deserto:* hidropoéticas do lugar no habitar urbano contemporâneo. Campinas, 2015. Dissertação (Mestrado em Geografia) – Instituto de Geociências, Universidade Estadual de Campinas.

BERNASCONI, Robert. É fenomenológica a distinção entre natureza e cultura? Fontes para a luta contra o racismo. In: CASANOVA, Marco Antonio; FURTADO, Rebeca (Orgs.). *Fenomenologia hoje IV:* fenomenologia, ciência e técnica. Rio de Janeiro: Via Verita, 2013. p.139-161.

BICKNELL, Jane; DODMAN, David; SATTERTHWAITE, David (Eds.). *Adapting cities to climate change:* understanding and addressing the development challenges. London: Earthscan, 2009.

BIGGS, Reinette; SCHLÜTER, Maja; SCHOON, Michael L. (Eds.). *Principles for building resilience:* sustaining ecosystem services in social-ecological systems. Cambridge: Cambridge University Press, 2015.

BONI, Paulo C. *Fincando estacas!* A história de Londrina (década de 30) em textos e imagens. Londrina: Edição do Autor, 2004.

BOYD, Emily. Adapting to global climate change: evaluating resilience in two networked public institutions. In: BOYD, Emily; FOLKE, Carl (Eds.). *Adapting Institutions:* governance, complexity and social-ecological resilience. New York: Cambridge University Press, 2012. p.240-262.

BOYD, Emily; FOLKE, Carl (Eds.). *Adapting Institutions:* governance, complexity and social-ecological resilience. New York: Cambridge University Press, 2012.

BRITO, Marcelo S. *O teatro que corre nas vias*. Salvador: Edufba, 2017.

BURTON, Ian; KATES, Robert W.; WHITE, Gilbert F. *The environmental as hazard*. New York: Oxford University, 1978.

CANDIDO, Antonio. A vida ao rés-do-chão. In: SETOR DE FILOLOGIA DA FCRB (Org.). *A crônica:* o gênero, sua fixação e suas transformações no Brasil. Campinas: Editora da Unicamp, 1992. p.13-22.

CASEY, Edward. Be Between Geography and Philosophy: What Does It Mean to Be in the Place-World? *Annals of the Association of American Geographers*, v.91, n.4, p.683-693, 2001.

CASTEL, Robert. *A insegurança social:* o que é ser protegido? Tradução de Lúcia M. E. Orth. Petrópolis: Vozes, 2005.

CENTRO DE SISMOLOGIA – UNIVERSIDADE DE SÃO PAULO. *Tremores de Dezembro de 2015 / Janeiro de 2016 em Londrina – PR*. São Paulo: USP, 2016. [Relatório Técnico n.2.]

CESAR, Constança Marcondes. Vulnerabilidade e finitude. *Hermes*, n.16, p.42-57, 2011.

CROWELL. Steven. Ser respondível: a apresentação de razões e o sentido ontológico do discurso. In: MALPAS, Jeff; CROWELL, Steven (Orgs.). *Heidegger e a tarefa da filosofia:* escritos sobre ética e fenomenologia. Rio de Janeiro: Via Verita, 2012. p.33-64.

CRUZ, Valter do C.; OLIVEIRA, Denílson A. (Orgs.). *Geografia e giro descolonial:* experiências, ideias e horizontes de renovação do pensamento crítico. Rio de Janeiro: Letra Capital, 2017.

DAL GALLO, Priscila M. Territórios migrantes e rotinas espaço-temporais em Holambra (SP). *Textos NEPO*, n.62, p.147-173, 2011.

DAL GALLO, Priscila M. *A ontologia da geografia à luz da obra de arte:* o embate Terra-mundo em *Out of Africa*. Campinas, 2015. Dissertação (Mestrado em Geografia) – Instituto de Geociências, Universidade Estadual de Campinas.

DAL GALLO, Priscila; MARANDOLA JR., Eduardo. O conceito fundamental de mundo na construção de uma ontologia da geografia. *Geousp - Espaço e Tempo*, v.19, n.3, p.551-563, 2016.

DARDEL, Eric. *O homem e a terra:* natureza da realidade geográfica. Tradução de Werther Holzer. São Paulo: Perspectiva, 2011.

DAVIM, David E. A terra sob tortura: técnica como vingança e reafirmação do racionalismo. *Sociedade & Natureza*, v.29, n.1, p.9-24, 2017.

DAVIM, David E. *Retorno à vontade da terra:* Nietzsche como devir fundamental para uma geofilosofia. Campinas, 2019. Tese (Doutorado em Geografia) - Instituto de Geociências, Universidade Estadual de Campinas.

DE PAULA, Fernanda C. Vulnerabilidade do lugar em bairros de Campinas. *Textos NEPO*, n.62, p.23-50, 2011.

DE PAULA, Fernanda C. Sobre geopoéticas e a condição corpo-terra. *Geograficidade*, v.5, Número especial, p.30-49, 2015.

DE PAULA, Fernanda C. *Resiliência encarnada do lugar:* vivência do desmonte na Linha (Brasil) e em Mourenx (França). Campinas, 2017. Tese (Doutorado em Geografia) - Instituto de Geociências, Universidade Estadual de Campinas.

DE PAULA, Fernanda C.; MARANDOLA JR., Eduardo; Hogan, Daniel J. O bairro, lugar na metrópole: riscos e vulnerabilidades no São Bernardo, Campinas. *Caderno de Geografia* (PUCMG), v.17, p.31-58, 2007.

DE PAULA, Fernanda C.; MARANDOLA JR., Eduardo; HOGAN, Daniel J. "Quando mato vira bairro é porque melhorou, não é?" Mobilidades e permanências na constituição de territorialidades urbanas. *GEOgraphia*, v.12, p.85-107, 2010.

DE PAULA, Luiz T. Perigos do lugar, memória e paisagem no Jardim Amanda, Hortolândia. *Textos NEPO*, n.62, p.51-86, 2011.

DE PAULA, Luiz T. *Fenomenologia dos espaços públicos:* entre a segurança e as incertezas da vida urbana. Limeira, 2016. Dissertação (Mestrado Interdisciplinar em Ciências Humanas e Sociais Aplicadas) - Faculdade de Ciências Aplicadas, Universidade Estadual de Campinas.

DELEUZE, Gilles; GUATTARI, Félix. *O que é a filosofia?* Tradução de Bento Prado Jr. e Alberto Alonso Muñoz. 3ed. São Paulo: Editora 34, 2010.

DERRIDA, Jacques. *A voz e o fenómeno:* introdução ao problema do signo na fenomenologia de Husserl. Tradução de Maria José Semião e Carlos Aboim de Brito. Lisboa: Edições 70, 1996.

DERRIDA, Jacques. *Gramatologia*. Tradução de Miriam Chnaiderman e Renato Janine Ribeiro. São Paulo: Perspectiva, 2013.

DIEHM, Christian. Natural disasters. In: BROWN, Charles S.; TOADVINE, Ted (Eds.). *Eco-phenomenology:* back to the earth itself. Albany: State University of New York Press, 2003. p.171-185.

DILTHEY, Wilhelm. *História da filosofia*. Tradução de Silveira Mello. São Paulo: Hemus, 2004.

DILTHEY, Wilhelm. *A essência da filosofia*. Tradução de Marco A. Casanova. Petrópolis: Vozes, 2014.

DILTHEY, Wilhelm. *A construção do mundo histórico nas ciências humanas*. Tradução de Marco Casanova. São Paulo: Editora Unesp, 2010a.

DILTHEY, Wilhelm. *Introdução às ciências humanas:* tentativa de uma fundamentação para o estudo da sociedade e da história. Tradução de Marco Antônio Casanova. Rio de Janeiro: Forense Universitária, 2010b.

DJAMENT-TRAN, Géraldine; REGHEZZA-ZITT; Magali (Coord.). *Résiliences urbaines:* les villes face aux catastrophes. Paris: Éditions Le Manuscrit, 2012.

DOUGLAS, Mary; WILDAVSKY, Aaron. *Risk and culture:* an essay on the selection of technological and environmental dangers. Berkeley: University of California Press, 1982.

DUBOS, René. *Um deus interior:* uma filosofia prática para a mais completa realização das potencialidades humanas. Tradução de Pinheiro de Lemos. São Paulo: Melhoramentos; Edusp, 1975.

DUNLAP, Riley E. et al. (Eds.). *Sociological theory and the environment:* classical foundations, contemporary insights. Lanham: Rowman & Littlefield Publishers, 2002.

DUSSEL, Enrique. *Filosofía de la liberación*. México: FCE, 2011.

FABRI, Marcelo. *Fenomenologia e cultura:* Husserl, Levinas e a motivação ética do pensar. Porto Alegre: Editora da PUCRS, 2007.

FERREIRA, Rafael B. *O mundo-da-vida como fundamento vital para as políticas de adaptação*. Limeira, 2016. Dissertação (Mestrado Interdisciplinar em Ciências Humanas e Sociais Aplicadas) – Faculdade de Ciências Aplicadas, Universidade Estadual de Campinas.

FEYERABEND, Paul. *Contra o método*. Tradução de Cezar Augusto Mortari. São Paulo: Editora Unesp, 2007.

FEYERABEND, Paul. *Adeus à razão*. Tradução de Vera Joscelyne. São Paulo: Editora Unesp, 2010.

FEYERABEND, Paul. *A ciência em uma sociedade livre*. Tradução de Vera Joscelyne. São Paulo: Editora Unesp, 2011.

FOLADORI, Guillermo. *Limites do desenvolvimento sustentável*. Tradução de Marise Manoel. Campinas: Editora da Unicamp, 2001.

FOLTZ, Bruce V. *Habitar a terra:* Heidegger, ética ambiental e a metafísica da natureza. Tradução de Jorge Seixas e Sousa. Lisboa: Instituto Piaget, 2000.

FOUCAULT, Michel. *As palavras e as coisas:* uma arqueologia das ciências humanas. Tradução de Salma Tannus Muchail. 9.ed. São Paulo: Martins Fontes, 2007.

FRÉMONT, Armand. *A região, espaço vivido*. Tradução de António Gonçalves. Coimbra: Livraria Almedina, 1980.

FUREDI, F. From the narrative of the Blitz to the rhetoric of vulnerability. *Cultural Sociology*, v.1, n.2, p.235-254, 2007

FURLAN, Reinaldo. Fenomenologia da vida contemporânea: a carne do mundo. In: SILVA, Claudinei A. F.; MÜLLER, Marcos J. (Orgs.). *Merleau-Ponty em Florianópolis*. Porto Alegre: Editora Fi, 2015. p.319-358.

GALVÃO, Carlos E. P. *Por abismos... casas... mundos:* a geosofia como narrativa fenomenológica da geografia. Campinas, 2016. Dissertação (Mestrado em Geografia) – Instituto de Geociências, Universidade Estadual de Campinas.

GIDDENS, Anthony. *As consequências da modernidade*. São Paulo: Editora Unesp, 1991.

GIDDENS, Anthony. *Modernidade e identidade*. Rio de Janeiro: Jorge Zahar Editora, 2002.

GIDDENS, Anthony. *A política da mudança climática*. Tradução de Vera Ribeiro. Rio de Janeiro: Zahar, 2010.

GOTO, Tommy A. *Introdução à psicologia fenomenológica:* a nova psicologia de Edmundo Husserl. São Paulo: Paulus, 2008.

HADOT, Pierre. *O véu de Ísis:* ensaio sobre a história da ideia de natureza. Tradução de Mariana Sérvulo. São Paulo: Loyola, 2006.

HAESBAERT, Rogério. *O mito da desterritorialização:* do "fim dos territórios" à multiterritorialidade. Rio de Janeiro: Bertrand Brasil, 2004.

HALL, Stuart. Quem precisa da identidade? Tradução de Tomaz Tadeu da Silva. In: SILVA, Tomaz Tadeu da (Org.). *Identidade e diferença:* a perspectiva dos estudos culturais. Petrópolis: Vozes, 2005. p.103-133.

HAN, Byung-Chul. *Sociedade do cansaço*. Tradução de Enio P. Gianchini. Petrópolis: Vozes, 2015.

HARA, Tony. *Saber noturno:* uma antologia de vidas errantes. Campinas: Editora da Unicamp, 2017.

HEIDEGGER, Martin. O caminho do campo. In: ____. *Sobre o problema do ser / O caminho do campo*. Tradução de Ernildo Stein. Rio de Janeiro: Duas Cidades, 1969. p.67-72.

HEIDEGGER, Martin. *Carta sobre o humanismo*. Tradução de Rubens Eduardo Frias. São Paulo: Editora Moraes, 1991.

HEIDEGGER, Martin. Que é isto – filosofia? In: *Heidegger*. Tradução de Ernildo Stein. São Paulo: Abril Cultural, 1999a. p.23-42. (Os Pensadores)

HEIDEGGER, Martin. Que é metafísica? In: *Heidegger*. Tradução de Ernildo Stein. São Paulo: Abril Cultural, 1999b. p.43-88. (Os Pensadores)

HEIDEGGER, Martin. Identidade e diferença. In: *Heidegger*. Tradução de Ernildo Stein. São Paulo: Abril Cultural, 1999c. p.171-200. (Os Pensadores)

HEIDEGGER, Martin. *Serenidade*. Tradução de Maria Madalena Andrade e Olga Santos. Lisboa: Instituto Piaget, 2000.

HEIDEGGER, Martin. A superação da metafísica. In: HEIDEGGER, Martin. *Ensaios e conferências*. Tradução de Emmanuel Carneiro Leão, Gilvan Fogel, Marcia Sá Cavalcante Chuback. Petrópolis: Vozes, 2001a. p.61-88.

HEIDEGGER, Martin. O que quer dizer pensar? In: HEIDEGGER, Martin. *Ensaios e conferências*. Tradução de Emmanuel Carneiro Leão, Gilvan Fogel, Marcia Sá Cavalcante Chuback. Petrópolis: Vozes, 2001b. p.111-124.

HEIDEGGER, Martin. Construir, habitar, pensar. In: HEIDEGGER, Martin. *Ensaios e conferências*. Tradução de Emmanuel Carneiro Leão, Gilvan Fogel, Marcia Sá Cavalcante Chuback. Petrópolis: Vozes, 2001c. p.125-142.

HEIDEGGER, Martin. A questão da técnica. In: HEIDEGGER, Martin. *Ensaios e conferências*. Tradução de Emmanuel Carneiro Leão, Gilvan Fogel, Marcia Sá Cavalcante Chuback. Petrópolis: Vozes, 2001d. p.11-38.

HEIDEGGER, Martin. *Hinos de Hölderlin*. Tradução de Lumir Nahodil. Lisboa: Instituto Piaget, 2004.

HEIDEGGER, Martin. *A caminho da linguagem*. Tradução de Marcia Sá Cavalcanti. 4.ed. Petrópolis: Vozes; Bragança Paulista: Editora Universitária São Francisco, 2008.

HEIDEGGER, Martin. O fim da filosofia e a tarefa do pensamento. In: HEIDEGGER, Martin. *Sobre a questão do pensamento*. Tradução de Emildo Stein. Petrópolis: Vozes, 2009a. p.65-84.

HEIDEGGER, Martin. *Introdução à filosofia*. Tradução de Marco Antonio Casanova. 2.ed. São Paulo: Editora WMF Martins Fontes, 2009b.

HEIDEGGER, Martin. *Ser e tempo*. Tradução de Fausto Castilho. Campinas: Editora da Unicamp; Petrópolis: Editora Vozes, 2012a.

HEIDEGGER, Martin. *Caminhos de floresta*. Tradução de Irene Borges-Duarte, Filipa Pedroso, Alexandre Franco de Sá, Hélder Lourenço, Bernhard Silva, Vítor Moura, João Constâncio. 2.ed. Lisboa: Fundação Calouste Gulbenkian, 2012b.

HEIDEGGER, Martin. A origem da obra de arte. Tradução de Irene Borges-Duarte, Filipa Pedroso. In: HEIDEGGER, Martin. *Caminhos de floresta*. Tradução de Irene Borges-Duarte, Filipa Pedroso, Alexandre Franco de Sá, Hélder Lourenço, Bernhard Silva, Vítor Moura, João Constâncio. 2.ed. Lisboa: Fundação Calouste Gulbenkian, 2012c. p.5-94.

HEIDEGGER, Martin. O tempo da imagem do mundo. Tradução de Irene Borges-Duarte, Filipa Pedroso. In: HEIDEGGER, Martin. *Caminhos de floresta*. Tradução de Irene Borges-Duarte, Filipa Pedroso, Alexandre Franco de Sá, Hélder Lourenço, Bernhard Silva, Vítor Moura, João Constâncio. 2.ed. Lisboa: Fundação Calouste Gulbenkian, 2012d. p.95-138.

HEIDEGGER, Martin. *O acontecimento apropriativo*. Tradução de Marco Antônio Casanova. Rio de Janeiro: Forense, 2013.

HEIDEGGER, Martin. *Contribuições à filosofia* (do acontecimento apropriador). Tradução de Marco Antônio Casanova. Rio de Janeiro: Via Verita, 2015.

HOGAN, Daniel J. Mobilidade populacional, sustentabilidade ambiental e vulnerabilidade social. *Revista Brasileira de Estudos de População*, v.22, n.2, p.323-338.

HOGAN, Daniel J. População e meio ambiente: a emergência de um novo campo de estudos. In: HOGAN, Daniel J. (Org.). *Dinâmica populacional e mudança ambiental:* cenários para o desenvolvimento brasileiro. Campinas: Nepo/Unicamp, 2007. p.13-58.

HUSSERL, Edmund. *La filosofía como ciencia estricta*. 3.ed. Buenos Aires: Editorial Nova, 1962.

HUSSERL, Edmund. *La Tierra no se mueve*. Madrid: Excerpta Philosophica, Universidad Complutense, 1995.

HUSSERL, Edmund. *Logical investigations*. Tradução de J. N. Findlay. Volume 1. London: Routledge, 2001.

HUSSERL, Edmund. *A crise das ciências europeias e a fenomenologia transcendental:* uma introdução à filosofia fenomenológica. Tradução de Digo Falcão Ferrer. Rio de Janeiro: Forense Universitária, 2012a.

HUSSERL, Edmund. A crise da humanidade europeia e a filosofia. In: *A crise das ciências europeias e a fenomenologia transcendental:* uma introdução à filosofia fenomenológica. Tradução de Digo Falcão Ferrer. Rio de Janeiro: Forense Universitária, 2012b. p.249-275.

JACOBI, Pedro; CIBIM, Juliana; LEÃO, Renato S. Crise hídrica na macrometrópole paulista e respostas da sociedade civil. *Estudos Avançados*, v.29, n.84, p.27-42, 2015.

JACOBI, Pedro; GRANDISOLI, Edson. *Água e sustentabilidade:* desafios, perspectivas e soluções. São Paulo: IEE-USP; Reconectta, 2017.

JAMES, Simon P. *The presence of nature:* a study in phenomenology and environmental philosophy. Hampshire: Palgrave Macmillan, 2009.

KATES, Robert W. *Risk assessment of environmental hazard.* New York: John Wiley & Sons, 1978.

KIRCHNER, Renato. A caminho do pensamento e da poesia. *Theoria*, v.1, p.11-35, 2009.

KIRCHNER, Renato. A analítica existencial heideggeriana: um modo original de compreender o ser humano. *Revista do NUFEN*, v.8, n.2, p.112-128, 2016.

KUSCH, Rodolfo. *Geocultura del hombre americano*. Buenos Aires: Fernando García Cambeiro, 1976.

LANDER, Edgardo (Comp.). *A colonialidade do saber:* eurocentrismo e ciências sociais. Perspectivas latino-americanas. Buenos Aires: Clacso, 2000.

LEFF, Enrique. *Saber ambiental:* sustentabilidad, racionalidad, complejidad, poder. 2.ed. México: Siglo Veintiuno Editores, 2000.

LEFF, Enrique. *Epistemologia ambiental*. Tradução de Sandra Valenzuela. São Paulo: Cortez, 2001.

LEFF, Enrique. *Racionalidade ambiental:* a reapropriação social da natureza. Tradução de Luís Carlos Cabral. Rio de Janeiro: Civilização Brasileira, 2006

LEVINAS, Emmanuel. *Humanismo do outro homem*. Tradução de Pergentino S. Pivatto (Coord.). Petrópolis: Vozes, 1993.

LEVINAS, Emmanuel. *Totalité et infini:* essai sur l'extériorité. Paris: Le Livre de Poche, 2000.

LHOMME, Serge; DJAMENT-TRAN, Géraldine; REGHEZZA-ZITT, Magali (col.); RUFAT, Samuel (col.). Penser la résilience urbaine. In: DJAMENT-TRAN, Géraldine; REGHEZZA-ZITT; Magali (Coord.). *Résiliences urbaines:* les villes face aux catastrophes. Paris: Éditions Le manuscrit, 2012. p.13-46.

LOLIVE, Jacques; SOUBEYRAN, Olivier (Dir.). *L'émergence des cosmopoliques*. Paris: La Découverte, 2007.

LOWENTHAL, David. *The past is a foreign country*. Cambridge: Cambridge University Press, 1985.

LYOTARD, Jean-François. *A condição pós-moderna*. 12.ed. Tradução de Ricardo C. Barbosa. Rio de Janeiro: José Olympio, 2009.

MAC DOWELL, João A. *A gênese da ontologia fundamental de M. Heidegger*. Rio de Janeiro: Loyola, 1993.

MACIEL, Caio; PONTES, Ermílio T. *Seca e convivência com o semiárido:* adaptação ao meio e patrimonialização da Caatinga no Nordeste brasileiro. Rio de Janeiro: Consequência, 2015.

MACNAGHTEN, Phil; URRY, John. *Contested natures*. London: Sage, 1998.

MALDONADO, Stephanie; MARANDOLA JR., Eduardo. Vulnerabilidade do lugar e riscos no bairro Nossa Senhora das Dores. In: XXIII CONGRESSO DE INICIAÇÃO CIENTÍFICA DA UNICAMP, 2015. *Anais...* Campinas, 2015.

MALPAS, Jeff. *Heidegger's topology:* being, place, world. Cambridge: The MIT Press, 2008.

MALY, Kenneth. Earth-thinking and transformation. In: MCWHORTER, Ladelle; STENSTAD, Gail (eds.). *Heidegger and the Earth:* essays in environmental philosophy. 2.ed. Toronto: University of Toronto Press, 2009. p.45-61.

MANGUEL, Alberto. *A biblioteca à noite*. Tradução de Samuel Titan Jr. São Paulo: Companhia das Letras, 2006.

MARANDOLA JR., Eduardo. *Habitar em risco:* mobilidade e vulnerabilidade na experiência metropolitana. Campinas, 2008a. Tese (Doutorado em Geografia) – Universidade Estadual de Campinas.

MARANDOLA JR., Eduardo. Entre muros e rodovias: os riscos do espaço e do lugar. *Antropolítica* (UFF), v.24, p.195-218, 2008b.

MARANDOLA JR., Eduardo. Cidades médias em contexto metropolitano: hierarquias e mobilidades nas formas urbanas. In: BAENINGER, Rosana. (Org.). *População e cidades:* subsídios para o planejamento e para as políticas sociais. Campinas: Nepo/Unicamp, 2010. p.187-207.

MARANDOLA JR., Eduardo. Mobilidades contemporâneas: distribuição espacial da população, vulnerabilidade e espaços de vida nas aglomerações urbanas. In: CUNHA, José M.P. (Org.). *Mobilidade espacial da população:* desafios teóricos e metodológicos para o seu estudo. Campinas: Nepo/Unicamp, 2011. p.95-115.

MARANDOLA JR., Eduardo. O lugar enquanto circunstancialidade. In: MARANDOLA JR., E.; HOLZER, W.; OLIVEIRA, L. (Orgs.). *Qual o espaço do lugar?*

Geografia, Epistemologia, Fenomenologia. São Paulo: Perspectiva, 2012. p.227-248.

MARANDOLA JR., Eduardo. *Habitar em risco:* mobilidade e vulnerabilidade na experiência metropolitana. São Paulo: Blucher, 2014.

MARANDOLA JR., Eduardo. Vulnérabilité, adaptation et résilience: une approche expérientielle. In: BERDOULAY, Vincent; SOUBEEYRAN, Olivier. (Org.). *Aménager pour s'adapter au changement climatique:* un rapport à la nature à reconstruire ? Pau: Presses de l'Université de Pau et des Pays de l'Adour, 2015. p.95-107.

MARANDOLA JR., Eduardo. O imperativo estético vocativo na escrita fenomenológica. *Revista da Abordagem Gestáltica - Phenomenologial Studies*, v.XXII, n.2, p.140-147, 2016a.

MARANDOLA JR., Eduardo. Sobre a impossibilidade de se voltar para casa ou A escrita como o lugar possível voltado para o futuro. *Geografares*, n.22, v.II, p.5-10, 2016b.

MARANDOLA JR., Eduardo. Identidade e autenticidade dos lugares: o pensamento de Heidegger em *Place and placelessness*, de Edward Relph. *Geografia*, v.41, p.5-15, 2016c.

MARANDOLA JR., Eduardo. Morte e vida do lugar: experiência política da paisagem. *Pensando - Revista de Filosofia*, v.8, n.16, p.33-50, 2017.

MARANDOLA JR., Eduardo; DAL GALLO, Priscila M. Ser migrante: implicações existenciais e territoriais da migração. *Revista Brasileira de Estudos de População*, v.27, p.407-424, 2010.

MARANDOLA JR., Eduardo; DE PAULA, Fernanda C., FERNANDEZ, P. S. M. A experiência do caminhar e do olhar: três percursos na Ponte Preta. *Rua*, n.13, Campinas, p.61-78, 2007.

MARANDOLA JR., Eduardo; DE PAULA, Luiz T. Espaços de vida migrantes: mobilidade e insegurança existencial na Região Metropolitana de Campinas. *Geografia*, Rio Claro, v.38, p.67-93, 2013.

MARANDOLA JR., Eduardo; MARQUES, Cesar; DE PAULA, Luiz T.; BRAGA, Letícia C. Crescimento urbano e áreas de risco no litoral norte de São Paulo. *Revista Brasileira de Estudos de População*, v.30, p.35-56, 2013.

MARANDOLA JR., Eduardo; MARQUES, Cesar; DE PAULA, Luiz T.; BRAGA, Letícia C. Mobilidade e vulnerabilidade no Litoral Norte de São Paulo: articulações escalares entre o lugar e a região na urbanização contemporânea. *Revista Espinhaço*, v.3, p.110-126, 2014.

MARQUES, Luiz. *Capitalismo e colapso ambiental.* Campinas: Editora da Unicamp, 2015.

MATHEVET, Raphaël; BOUSQUET, François. *Résilience & environnement:* penser les changements socio-écologiques. Paris: Buchet/Chastel, 2014.

MENDONÇA, Magaly. A vulnerabilidade da urbanização do centro sul do Brasil frente à variabilidade climática. *Mercator*, v.9, n.1, p.135-151, 2010.

MERLEAU-PONTY, Maurice. *Fenomenologia da percepção.* Tradução de Reginaldo di Piero. Rio de Janeiro: Livraria Freitas Bastos, 1971.

MERLEAU-PONTY, Maurice. *O olho e o espírito.* Tradução de Paulo Neves e Maria E. Galvão. São Paulo: Cosac Naify, 2004.

MERLEAU-PONTY, Maurice. *A natureza:* curso do Collège de France. Tradução de Álvaro Cabral. 2.ed. São Paulo: Martins Fontes, 2006.

MERLEAU-PONTY, Maurice. *O visível e o invisível.* Tradução de José A. Gianotti e Armando Mora d'Oliveira. São Paulo: Perspectiva, 2007.

MIGLIORANZA, Eliana. *Condomínios fechados:* localizações da pendularidade – um estudo de caso no município de Valinhos, SP. Campinas, 2005. Dissertação (Mestrado em Demografia) – Instituto de Filosofia e Ciências Humanas, Unicamp.

MIRES, Fernando. *O discurso da natureza:* ecologia e política na América Latina. Tradução de Vicente Rosa Alves. Florianópolis: Editora da UFSC, 2012

MOLES, Abraham. *As ciências do impreciso.* Tradução de Glória de C. Lins. Rio de Janeiro: Civilização Brasileira, 1995.

MONTEIRO, Carlos A. F. *Clima e excepcionalismo:* conjecturas sobre o desempenho da atmosfera como fenômeno geográfico. Florianópolis: Editora da UFSC, 1991.

MONTEIRO, Carlos A. F.; MENDONÇA, Francisco. *Clima Urbano.* São Paulo: Contexto, 2002.

MORAES, Dax. Da angústia do conhecimento à serenidade do pensar. In: SOUZA, Ricardo T.; OLIVEIRA, Nythamar F. (Orgs.). *Fenomenologia hoje III:* bioética, biotecnologia, biopolítica. Porto Alegre: EDIPUCRS, 2008. p.145-160.

MOREIRA NETO, Henrique F. *Geografias do fim da vida:* fenomenologia do ser-geográfico na enunciação da morte. Campinas, 2018. Dissertação (Mestrado em Geografia) – Instituto de Geociências, Universidade Estadual de Campinas.

MURAKAMI, Haruki. *Sono.* Tradução de Lica Hashimoto. São Paulo: Alfaguara, 2015.

MYCIO, Mary. *Wormwood forest:* a natural history of Chernobyl. Washington: Joseph Henry Press, 2005.

NALLI, Marcos. *Foucault e a fenomenologia*. São Paulo: Loyola, 2006.

NEVES, Margarida de S. História da crônica. Crônica da história. In: RESENDE, Beatriz. (Org.). *Cronistas do Rio*. Rio de Janeiro: José Olympio; CCBB, 1995. p.15-31.

NIETZSCHE, Friederich. *Humano, demasiado humano:* um livro para espíritos livres. Tradução de César de Souza. São Paulo: Companhia das Letras, 2005.

NIETZSCHE, Friederich. *O nascimento da tragédia*. Tradução de Jacob Guinsburg. São Paulo: Companhia de Bolso, 2007.

NIETZSCHE, Friederich. *Assim falava Zaratustra:* um livro para todos e ninguém Tradução de Mário Ferreira dos Santos. Petrópolis: Vozes, 2011.

NIETZSCHE, Friederich. *A gaia ciência*. Tradução de Paulo César de Souza. São Paulo: Companhia das Letras, 2012.

NOGUERA, Ana P. *El reencantamiento del mundo*. México: PNUMA; Manizales: Universidad Nacional de Colombia, 2004.

NOGUERA, Ana P. Pensamiento ambiental sur en tiempos de penuria. *Cuadernos de Ética*, v.30, número extraordinário *Ética ambiental*, 2015.

NOGUERA, Ana P.; PINEDA, Jaime. Cuerpo-Tierra: epojé, disolución humano-naturaleza y nuevas geografías-sur. *Geograficidade*, v.4, n.1, p.20-29, 2014.

NOVAES, Adauto (Org.). *Mutações:* a experiência do pensamento. São Paulo: Edições Sesc SP, 2010.

NUNES, Benedito. *Passagem para o poético* (filosofia e poesia em Heidegger). São Paulo: Editora Ática, 1986.

NUNES, Benedito. *Hermenêutica e poesia:* o pensamento poético. Belo Horizonte: Editora UFMG, 1999.

PELLEGRINI, Domingos. *Terra-vermelha*. São Paulo: Moderna, 1998.

PELLING, Mark. *The vulnerability of cities:* natural disasters and social resilience. London: Earthscan Publications, 2003.

PEPPER, David. *Ambientalismo moderno*. Tradução de Carla L. S. Correia. Lisboa: Instituto Piaget, 2000.

PINGEON, Patrick. *Géographie critique des risques*. Paris: Economica; Anthropos, 2005.

PORTEUS, J. Douglas. Topocide: the annihilation of place. In: EYLES, J.; SMITH, D. (Eds.). *Quantitative methods in Geography*. London: Polity Press, 1988.

PORTO-GONÇALVES, Carlos W. *Os (des)caminhos do meio ambiente*. São Paulo: Contexto, 1989.

PORTO-GONÇALVES, Carlos W. *O desafio ambiental*. Rio de Janeiro: Record, 2004.

PORTO-GONÇALVES, Carlos W. *A reinvenção dos territórios na América Latina/Abya Yala*. México: Unam, 2012.

PORTO, Marcelo Firpo de Souza. *Uma ecologia política dos riscos:* princípios para integrarmos o local e o global na promoção da saúde e da justiça ambiental. Rio de Janeiro: Editora Fiocruz, 2007.

PRIGOGINE, Ilya; STENGERS, Isabelle. *A nova aliança:* metamorfose da ciência. Tradução de Miguel Faria e Maria J. M. Trincheira. Brasília: UnB, 1991.

PRIGOGINE, Ilya. *O fim das certezas:* tempo, caos e as leis da natureza. Tradução de Roberto L. Ferreira. São Paulo: Editora Unesp, 1996.

QUIJANO, Aníbal. Dom Quixote e os moinhos de vento na América Latina. *Estudos Avançados*, São Paulo, vol.19, n.55, 2005.

RELPH, Edward. *Place and placelessness*. London: Pion, 1976.

RENTERÍA, Enrique R. *O sabor moderno:* da Europa ao Rio de Janeiro na República Velha. Rio de Janeiro: Forense Universitária, 2007.

RICŒUR, Paul. *Vivo até a morte:* seguido de fragmentos. Tradução de Eduardo Brandão. São Paulo: Editora WMF Martins Fontes, 2012.

RODRIGUES, Raissa; MARANDOLA JR., Eduardo. Vulnerabilidade do lugar e riscos no Jardim Residencial José Cortez (Limeira - SP). In: XXIII CONGRESSO DE INICIAÇÃO CIENTÍFICA DA UNICAMP, 2015. *Anais...* Campinas, 2015.

ROSAS, Gabrielle A. Convivendo com os riscos: mobilidade e fragmentação do espaço metropolitano na Via Anhanguera, Campinas-Sumaré. *Textos Nepo*, n.62, p.87-124, 2011.

RUSSEL, Bertrand. *A perspectiva científica*. Tradução de José S. C. Pereira. São Paulo: Companhia Editora Nacional, 1969.

RUTH, Matthias (Ed.). *Smart growth and climate change:* regional development, infrastructure and adaptation. Cheltenham: Edward Elgar, 2006.

RYBCZYNSKI, Witold. *Home:* a short history of an idea. New York: Penguin Books, 1986.

SÁ, Jorge de. *A crônica*. 5ed. São Paulo: Ática, 1997. 94p.

SACK, Robert D. *Homo geographicus*. London: The Johns Hopkins University Press, 1997.

SAFRANSKI, Rüdiger. *Heidegger, um mestre da Alemanha entre o bem e o mal*. Tradução de Lya Luft. São Paulo: Geração Editorial, 2005.

SAINT-EXUPÉRY, Antoine. *O pequeno príncipe*. São Paulo: Agir, 1998.

SANT'ANNA NETO, João L.; ZAVATINI, João A. (Orgs.). *Variabilidade e mudanças climáticas:* implicações ambientais e socioeconômicas. Maringá: Eduem, 2000.

SANT'ANNA NETO, João L. Da complexidade física do universo ao cotidiano da sociedade: mudança, variabilidade e ritmo climático. *Terra Livre*, ano 19, v.1, n.20, p.51-63, 2003.

SANT'ANNA NETO, João L. Escalas geográficas do clima. Mudança, variabilidade e ritmo. In: AMORIM, Margarete C. de C. T; SANT'ANNA NETO, João L.; MONTEIRO, Ana (Orgs.). *Climatologia urbana e regional: questões teóricas e estudos de caso*. São Paulo: Outras Expressões, 2013. p.75-92.

SANTOS, Boaventura S. *Introdução a uma ciência pós-moderna*. 5.ed. Porto: Edições Afrontamento, 1998.

SANTOS, Boaventura S. *Para um novo senso comum:* a ciência, o direito e a política na transição paradigmática. São Paulo: Cortez, 2000.

SANTOS, Boaventura S. *Um discurso sobre as ciências*. 12.ed. Porto: Edições Afrontamento, 2001.

SANTOS, Boaventura S. (Org.). *Conhecimento prudente para uma vida decente:* um discurso sobre as ciências revisitado. 2.ed. São Paulo: Cortez, 2006.

SANTOS, Boaventura S. A filosofia à venda, a douta ignorância e a aposta de Pascal. *Revista Crítica de Ciências Sociais*, n.80, p.11-43, 2008.

SANTOS, Milton. *A natureza do espaço:* técnica e tempo, razão e emoção. São Paulo: Edusp, 2002.

SARAMAGO, Ligia. *A "topologia do ser":* lugar, espaço e linguagem no pensamento de Martin Heidegger. Rio de Janeiro: Editora PUC-Rio; São Paulo: Loyola, 2008.

SARAMAGO, Ligia. Como ponta de lança. In: MARANDOLA JR., Eduardo; HOLZER, Werther; OLIVEIRA, Livia de (Orgs.). *Qual o espaço do lugar?* Geografia, epistemologia, fenomenologia. São Paulo: Perspectiva, 2012. p.193-226.

SARTORI, Maria da G.B. *Clima e percepção geográfica*. Santa Maria: Pallotti, 2014.

SCHNAIBERG, Allan; GOULD, Kenneth Alan. *Environment and society*. Caldwell: The Blackburn Press, 2000.

SERRES, Michel. *O contrato natural*. Tradução de Beatriz Sidoux. Rio de Janeiro: Nova Fronteira, 1991.

SERRES, Michel. *Os cinco sentidos*. Tradução de Eloá Jacobina. Rio de Janeiro: Bertrand Brasil, 2001.

SHARR, Adam. *La cabaña de Heidegger:* un espacio para pensar. Tradução de Joaquín Rodríguez Feo. Barcelona: Gustavo Gili, 2008.

SILVA, Gláucia O. *Angra I e a melancolia de uma era:* um estudo sobre a construção social do risco. Niterói: Eduff, 1999.

SILVEIRA, Heitor M. *Arruinamentos no retorno à terra:* fabulando memórias e ruínas. Limeira, 2018. Dissertação (Mestrado Interdisciplinar em Ciências Humanas e Sociais Aplicadas) – Faculdade de Ciências Aplicadas, Universidade Estadual de Campinas.

SOUZA-LIMA; José E.; MACIEL-LIMA, Sandra M. (Orgs.). *(Socio)ecologismo dos povos do sul:* clamores por justiça. Curitiba: Editora UFPR, 2014.

SPAARGAREN, G.; MOL, A. P.J.; BUTTEL, F. *Environment and global modernity*. London: Sage, 2000.

STEIN, Ernildo. *Seis estudos sobre "Ser e tempo"*. Petrópolis: Vozes, 2008.

STEIN, Ernildo. *Pensar e errar:* um ajuste com Heidegger. 2.ed. Ijuí: Editora Unijuí, 2015.

STENGERS, Isabelle. *A invenção das ciências modernas*. Tradução de Max Altman. São Paulo: Editora 34, 2002.

STENGERS, Isabelle. *No tempo das catástrofes* - resistir à barbárie que se aproxima. Tradução de Eloisa Araújo Ribeiro. São Paulo: Cosac Naify, 2015.

TOMAZZI, Nelson D. *Norte do Paraná:* histórias e fantasmagorias. Curitiba: Aos Quatro Ventos, 2000.

TOURAINE, Alain. *Crítica da modernidade*. Tradução de Elia Ferreira Edel. 5.ed. Petrópolis: Vozes, 1998.

TUAN, Yi-Fu. *Cosmos and hearth:* a cosmopolite's viewpoint. Minneapolis: University of Minnesota Press, 1996.

TUAN, Yi-Fu. *Paisagens do medo*. Tradução de Livia de Oliveira. São Paulo: Editora Unesp, 2005.

VAN MANEN, Max. *Phenomenology of practice:* meaning-giving methods in phenomenological research and writing. Walmut Creek: Left Coast Press, 2014.

VATTIMO, Gianni. *O fim da modernidade:* niilismo e hermenêutica na cultura pós-moderna. Tradução de Eduardo Brandão. 2.ed. São Paulo: Martins Fontes, 2007.

VEYRET, Yvette (Org.). *Os riscos:* o homem como agressor vítima do meio ambiente. São Paulo: Contexto, 2007.

VIOLA, Eduardo J.; LEIS, Hector R. A evolução das políticas ambientais no Brasil, 1971-1991: do bissetorialismo preservacionista para o multissetorialismo orientado para o desenvolvimento sustentável. HOGAN, Daniel J.; VIEIRA, Paulo F. (Orgs.). *Dilemas socioambientais e desenvolvimento sustentável*. Campinas: Editora da Unicamp, 1995. p.73-102.

WALKER, Brian; SALT, David. *Resilience thinking:* sustaining ecosystems and people in a changing world. Washington: Island Press, 2006.

WALKER, Brian; SALT, David. *Resilience practice:* building capacity to absorb disturbance and maintain function. Washington: Island Press, 2012.

WELLS, Jeremy. Aspectos teóricos e aplicados da integração da fenomenologia à prática da conservação do patrimônio. *Geograficidade*, v.6, n.1, p.4-18, 2016.

WERLE, Marco A. A pergunta e o caminho no pensamento de Heidegger. In: WU, Roberto; NASCIMENTO, Cláudio R. (Orgs.). *A obra inédita de Heidegger*. São Paulo: LiberArs, 2012. p.151-165.

WISNER, Ben; BLAIKIE, Piers; CANNON, Terry; DAVIS, Ian. *At risk:* natural hazards, people's vulnerability and disasters. 2.ed. London: Routledge, 2004.

ZECHINATTO, Carolina L.; MARANDOLA JR., Eduardo. Mobilidade populacional na Região Metropolitana de Campinas (SP): interações espaciais na Microrregião Sul (Valinhos e Vinhedo). *Cadernos de Estudos Sociais*, Recife, v.27, n.2, p.15-37, jul.-ago. 2012.

SOBRE O LIVRO

FORMATO
14 x 21 cm

MANCHA
25,1 x 41,5 paicas

TIPOLOGIA
Lyon Text 10/14

PAPEL
Off-white 80 g/m² (miolo)
Cartão Supremo 250 g/m² (capa)

1ª EDIÇÃO EDITORA UNESP: 2021

EQUIPE DE REALIZAÇÃO

COORDENAÇÃO EDITORIAL
Marcos Keith Takahashi

EDIÇÃO DE TEXTO
Cacilda Guerra

PROJETO GRÁFICO E CAPA
Quadratim

IMAGEM DE CAPA
Enric/Adobe Stock

EDITORAÇÃO ELETRÔNICA
Arte Final

Impressão e Acabamento